フォロワー"0人"から
成果を出す
SNS
マーケティングの
新法則

TikTokビジネス最強の攻略術

TikTok公認事務所
ガリレオ
代表取締役
前薗孝彰

技術評論社

はじめに

この本を手に取っている多くの方は、

「TikTokをバズらせたい」
「TikTokで集客したい」
「有名人になりたい」
「そろそろＳＮＳを始めないと…」
「YouTubeに乗り遅れたからTikTokを…」

など、さまざまな考えをお持ちだと思います。どの考えをお持ちの方も、本書を手に取ったみなさんは正解だと思います。

というのも、TikTokというSNSは今もっとも伸びているSNSですし、フォロワーが0人でもバズるしくみになっているため、新規参入者にやさしいSNSだからです。ただし、「誰でも簡単にバズる」なんてことはありません。TikTokを攻略するには、正しい情報をもとに動画を作る必要があります。

で、そもそも、お前は誰なんだ？　正しい情報を持っているのか？　という話だと思うので、簡単に僕自身の実績についてお話しさせてください。

僕は2020年5月にビジネス系TikTokerとして活動開始し、1動画目で900万再生、24時間でフォロワー数10万人突破という実績があります（フォロワー10万人達成速度は国内一般人として最速記録）。当時のTikTokといえば「女子高生のダンス」のようなイメージで、かつビジネス系の発信者はほぼ存在しなかったことから、現在では「TikTokにおけるビジネス市場の開拓者」と呼んでいただくことが増えました。ちなみに僕がビジネス系の発信を始めた理由は、僕の人生に大きな影響を与えたと考えている西野亮廣さんの「革命のファンファーレ」

や堀江貴文さんの「多動力」といったビジネス本。そして、中田敦彦さんやメンタリストDaiGoさん、マコなり社長といった教育・ビジネス系YouTuberへの強い憧れがあるからです。

ただし、前述のように当時のTikTokは「女子高生のダンス」のイメージが強く、TikTokユーザーには「ニュース」や「政治」などをTikTokで視聴する習慣は存在しませんでした。そこで僕は、まずは僕自身の認知拡大が必要だと考えて、10代・20代が教育系ジャンルで唯一興味を持ってくれる〝恋愛〟というジャンルで発信を始めました。そして恋愛アカウントでは、月間1000万再生ほどを記録し認知拡大に成功。その後に、恋愛アカウントを停止してビジネス系アカウントを開始したのです。もちろん、僕が24時間で10万人突破した理由は、「事前の認知獲得」だけでなく他にも4つの理由が存在します。この点は本題と逸れるため割愛しますが、本書をご購入者には、特別にこのノウハウをプレゼントさせていただきます（詳細は〝カバーのそで〟or〝おわりに〟をご確認ください）。

そして、1つ目の恋愛系アカウントで学んだノウハウが、2つ目のビジネス特化のアカウントでも通用したことで、僕のノウハウには再現性があると考えるようになりました。そこで僕は、TikTokのコンサルを始めました。結果として、もっとも伸びたコンサル生では月間7000万再生（国内フォロワー99％）を叩き出したり、今となっては数百万フォロワーを超えるTikToker達へのコンサルも行ってきました。

こうした背景から、僕自身のノウハウは自分のアカウントだけではなく、他人のアカウントにも通用する再現性の高いノウハウであることを確信しました。

その後現在に至るまでに、東証一部上場企業を含む累計250以上の個人や企業のアカウントへのコンサルを行ったり、2021年9月にはTikTok社主催のクリエイター向けの講座（TikTok Creator Academy 0期）にて〝アルゴリズムの解説者〟として登壇したり、2022年5月にはTikTok社公認MCNの代表取締役に就任したり、といった感じで、この3年間の僕はTikTokの上で生活をしてきています。正直僕は、TikTokerさえも認める、TikTokオタクです（笑）。

ここまで読んでいただいた方には、本書のノウハウが本物であることはご理解いただけたのかなと思います。その上で、もう1つ話させてください。

SNS運用で失敗しがちな方の共通点は、「自分の頭だけで考えて行動しちゃう人」です。

一見、考えて行動することは正しいようにも見えるのですが、結果が出ていない方は、自分の頭だけで考えるのはダメです。

というのも、**今まであなたのSNSが伸びなかったのは、あなたの頭だけで考えた結果だからであって、その頭で考えても同じことを繰り返してしまい、また失敗を繰り返してしまうからです。**

だからこそ、外部から情報を得ることが重要なのです。

本書を購入する最大のデメリットは、1600円+税くらいの出費です。これが高いか安いかは皆さん次第ですが、コンビニバイトの時給を1000円とした場合、コンビニバイト約2時間分で僕の頭の中のノウハウをすべて学ぶことができます。

もし、あなたに1600円+税のお金がないのなら、先にコンビニバイトをすることを推奨します。なぜなら、本書を購入せずにTikTokを始めるよりも、コンビニバイトを2時間した後に本書を購入してTikTokを始める方が、明らかに合理的じゃないですか?

ちなみに、本書を読んだとしても、結局行動しなければ何も始まりません。逆に言うと、1600円+税払っても本書を読まなければ1600円+税が無駄になるだけなので、買わない方がマシです。本書には、包み隠さず僕のノウハウをすべて詰め込みました! 本書を読む中で、「勉強になった」「面白い」と思うことがあれば、ぜひツイートでアウトプットしてみてください。

アウトプットは学習の観点で効率的という意味もありますが、それだけではなく、ノウハウを140文字という制限の中で言語化する練習になりますので、ある意味ショート動画の制作には必要な能力だったりもします。

ちなみに、ツイートいただく際は、僕をメンションいただければ、いいねorコメントをしに行きますっ！！　また、多くの方にとって有益な情報に関してはRTさせていただきます！

それから、あと2つだけ、重要なことですので言わせてください！

1つ目に、時々TikTokを使ったことのない人が、「TikTokってなんか稼げるらしい」「集客できるらしい」「フォロワー0人でもバズるらしい」などの理由で、TikTokの導入を検討されているのを見かけます。もちろん悪いことではないのですが、ユーザー体験としてTikTokを楽しんだことがない方が、ユーザーの気持ちを理解せずにTikTokで成果を出すことは難しいと思います。

本書では多くのTikTokerの動画を紹介しながら、TikTokの攻略法をご紹介していきます。お手持ちのスマートフォンにTikTokをインストールして、TikTokを楽しむところから始めてみてください。なお、本書で紹介しているTikTokerおよびそのコンテンツは、著者のコンサルによるものではありません。著者の実績を誇示するものではなく、TikTokのノウハウを理解する上で知っておいていただきたいものをご紹介しています。あらかじめご承知おきください。

そして2つ目ですが、本書はTikTokを運営されているByteDance社公式の書籍ではございませんので、この点ご留意いただけますと幸いです。

では、ここから本編です！

Contents

第2章 TikTokは「モノが売れる」SNSである

第3章

TikTokは「アカウント設計」で攻略する

第4章

TikTokの「アルゴリズム」を理解する

Contents

第5章 TikTokでバズるための「最強の考え方」

第6章

TikTokでバズるための「撮影&編集術」

第7章

TikTok「業種別」ビジネス成功事例

Contents

【免責】

本書に記載された内容は、情報の提供のみを目的としています。したがって、本書を用いた運用は、必ずお客様自身の責任と判断によって行ってください。これらの情報の運用の結果、いかなる障害が発生しても、技術評論社および著者はいかなる責任も負いません。

本書記載の情報は、2022年12月現在のものを掲載しております。ご利用時には、変更されている可能性があります。Webページやアプリ、SNSなどは内容や機能、画面等が変更される場合があり、本書での説明とは機能内容や画面図などが異なってしまうこともあり得ます。Webページやアプリ、SNSの画面等が異なることを理由とする、本書の返本、交換および返金には応じられませんので、あらかじめご了承ください。

以上の注意事項をご承諾いただいた上で、本書をご利用願います。これらの注意事項に関わる理由に基づく、返金、返本を含む、あらゆる対処を、技術評論社および著者は行いません。あらかじめ、ご承知おきください。

■本書に掲載した会社名、アプリ名、サービス名などは、登録商標または商標です。なお、本文にTMマーク、®マークは明記しておりません。

第1章

TikTokは「今もっとも勢いのあるSNS」である

1. TikTokは最強のSNSである

TikTokは、**15秒から2分ほどの短い縦動画**を中心とした、動画投稿SNSです。リリース当初は15秒以下の動画しか投稿できなかったのが、2020年には1分、2021年には3分、2022年3月ごろには5分と、投稿上限が徐々に撤廃されていきました。そして本書執筆時点で、日本では10分の長編動画を投稿することが可能になっています（TikTokはアカウントごとにアップデートの時期が異なるため、上記期日はおおよその目安です）。

このTikTokを運営しているのが、中国の「ByteDance（バイトダンス）」という企業です。ByteDance社の企業価値は、「ユニコーン企業」（評価額が10億ドル以上の未上場スタートアップ企業）の中で世界最大。2021年4月には、プライベートエクイティ（未公開株式）投資家から44兆円という評価を受けています。

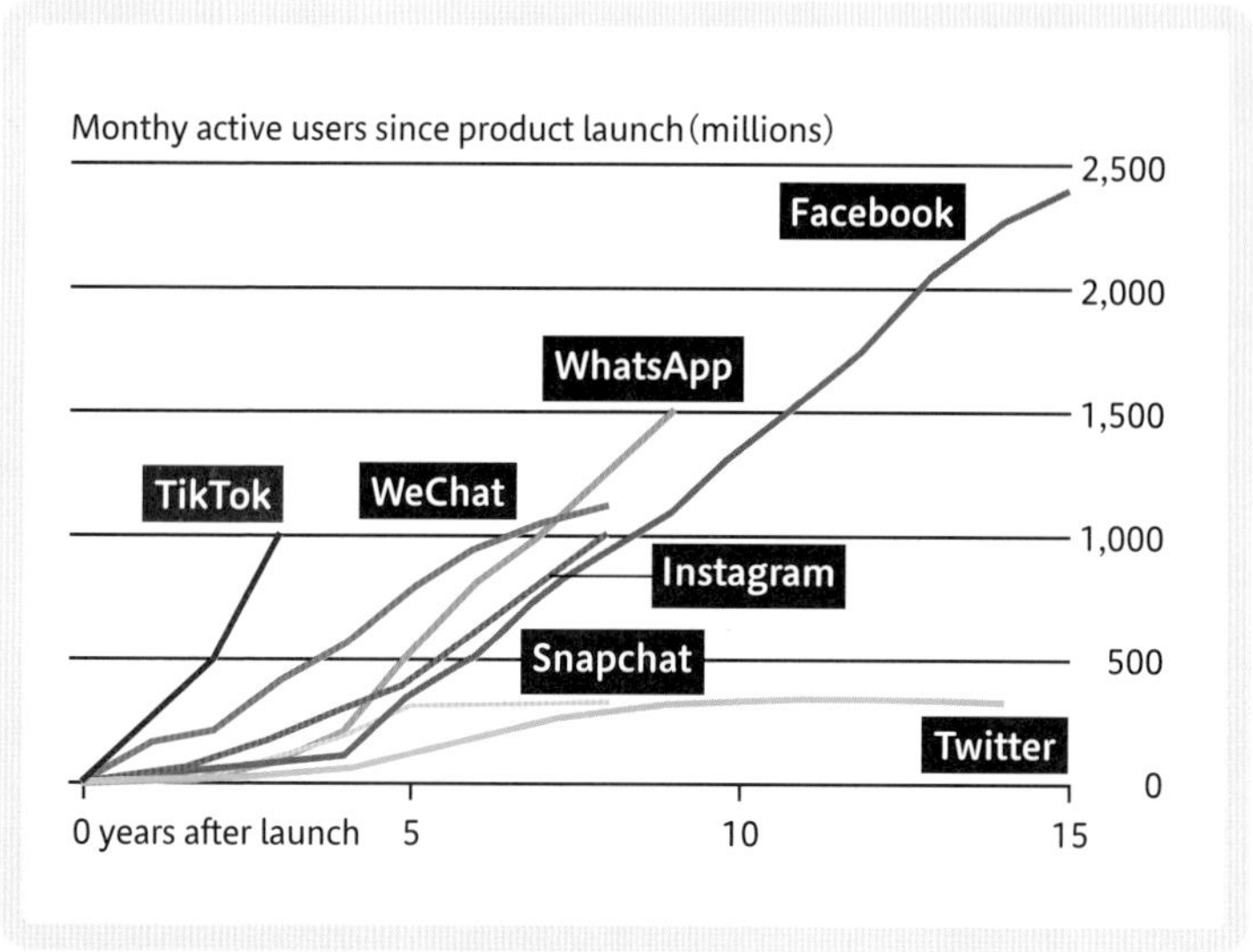

▲TikTokの成長速度は他のSNSを圧倒している
出所：Financial Times

ここで、TikTokとその他のSNSの、サービス提供年からの月間アクティブユーザー（MAU）の推移を比較したグラフを見てください。MAU10億人を超えるまでにかかった年数を見ると、InstagramやFacebookに比べて**TikTokの成長速度がいかに速いか**ということを理解できると思います。

このように、TikTokは名だたるSNSに比べても、類を見ない勢いで成長しているのです。

2. TikTokはもはやダンスアプリではない

日本にはじめて上陸した2017年頃、TikTokは女子高生を中心としてダンスやリップシンク（音楽に合わせた口パク）といった動画を配信するアプリとして広がりました。TikTokのカメラには、顔の輪郭を細くしたり、肌を滑らかにしたりする機能が組み込まれており、「盛れる」動画を簡単に作ることができます。その結果、2018年上半期の女子中高生の「流行っているコト・モノ」として、ランキング1位を獲得するまでになりました※1。

また2018年10月には、音楽聞き放題サービスの「AWA」とTikTokの業務提携が発表され、同サービス内から約25000曲の楽曲を使えるようになりました。これにより、撮影した動画にBGMをつけられるようになったことで、TikTokは「動画版プリクラ」としても話題となりました。このようにしてTikTokは、女子中高生を中心としたムーブメントとして一般に知られるようになったのです。

こうしたイメージから、今でもTikTokと聞いて**「可愛い女の子がダンスを踊っているアプリ」みたいに言う人がいます。しかし、それは大きなまちがいです**。現在のTikTokでは、僕のような知識や考え方を発信する教育動画や、インフルエンサーの日常を映し出すVlog動画、ドッキリやあるあるといったエンタメ系動画、自分の好きな商品を紹介する商品紹介動画、さらにはマスメディアによるニュースアカウントなど、**以前のTikTokとは比べ物にならないほどの多種多様なジャンルが誕生**しています。

つまり2023年現在、TikTokはもはや、これまで認識されてきたようなダンスアプリではないのです。

※1：https://prtimes.jp/main/html/rd/p/000000010.000020799.html

3. TikTokはInstagramやYouTubeを超えつつある

まだ気づいていない方も多いのですが、実はInstagramやYouTubeって、すでに時代遅れなのです。ポジショントークに聞こえてしまいそうですが、今もっとも勢いのあるSNSはTikTokだと断言できるのです。これは多くのデータから語れることなのですが、ここでは3つの理由についてお話をしていきます。

1つ目に、ダウンロード数です。2020年の新型コロナのパンデミックにより、非接触型のエンタメへの需要が増加し、人々の生活スタイルは大きく変わりました。そしてTikTokは、ライフスタイルの変化に伴う巨大な需要を捉え、前例のない成長を遂げたのです。TikTokは**2020年と2021年の、世界でもっともダウンロードされたアプリ**となり、**今ではiOSおよびAndroidデバイスで30億ダウンロード**[※1]、**MAUは10億人を突破**しました。

2つ目は、ユーザーがYouTubeよりもTikTokの方が面白いと判断しているからです。というのも、2021年5月時点でのTikTokの1ヶ月あたりの利用時間がアメリカで24.5時間、イギリスで26時間だったのに対し、YouTubeはアメリカで22.5時間、イギリスで16時間と、いずれもTikTokが上回っていることがわかったのです（P.25のグラフ参照）※2。日本では、いまだYouTubeの利用時間がTikTokを上回る結果になっていますが、アメリカで流行ったことの影響を受けるのが日本文化の常ですので、日本国内においても今後TikTokの平均視聴時間が伸びていくことが予想できると思います。

ちなみに、アメリカでの1日のSNS利用時間（2022年4月）においては、TikTok45.8分、YouTube45.6分、Twitter34.8分、Snapchat30.4分、Facebook30.1分、Instagram30.1分といった形で、別のデータからもTikTokの利用時間がSNS首位を記録している調査結果が確認されています※3。

３つ目は、２０２１年のインターネット上のトラフィックにおいて、それまでトップだった**Google.comを上回り、TikTok.comが1位に急上昇**したことです[※4]。つまりTikTokは、FacebookやInstagram、YouTubeやTwitterといったＳＮＳの競合を追い抜くだけでなく、インターネット上のプラットフォームすべてのトップに躍り出たということです。

これらの理由から、今もっとも勢いがあるＳＮＳはTikTokだということをご理解いただけたのではないかと思います。

※１：https://br.atsit.in/ja/?p=48719
※２：https://realsound.jp/tech/2021/07/post-807827.html
※３：https://newspicks.com/news/7233833?skipsummary=false
※４：https://www.itmedia.co.jp/news/articles/2112/22/news089.html

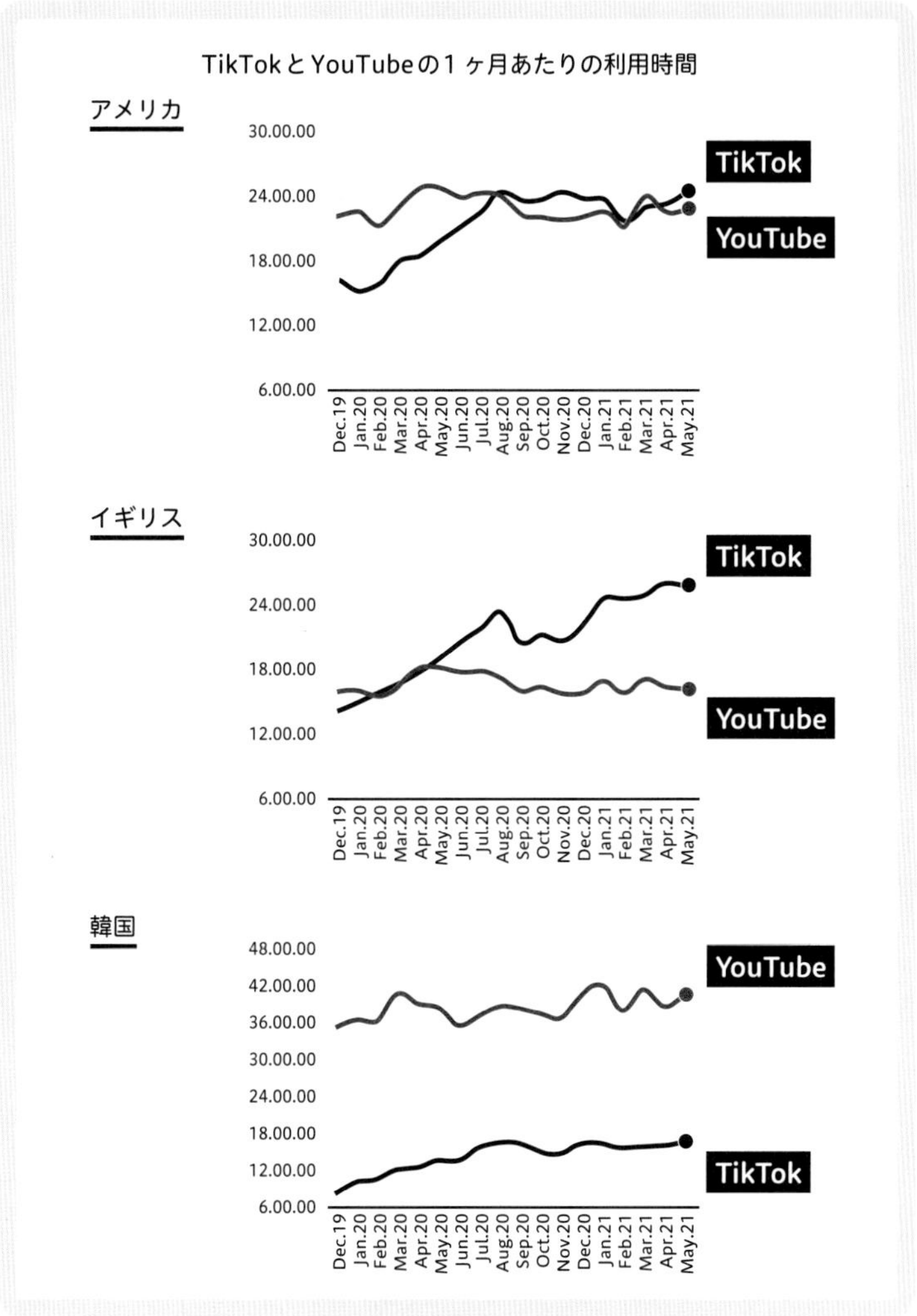

▲アメリカとイギリスではTikTokの利用時間がYouTubeを上回っている
（出所：App Annie）

4. TikTokはフォロワー0人でもバズる

InstagramやYouTubeなど、これまでのSNSの常識は「フォロワーがいなければ、コンテンツがよくてもバズらない」ということでした。一方、こうした**「フォロワー数が多い≠バズりやすい」という常識を覆したのが、TikTokという「今もっとも勢いのあるSNS」**なのです。

「嘘でしょ?」と思われることが多いのですが、**現に僕が2020年5月に開設したアカウントでは、動画1本目の投稿で900万再生。投稿後24時間でフォロワー数10万人達成**という記録を叩き出した実績があります。その他にも、軽くネットで検索してもらえれば、1日で4000人、3日で2万人、10日で10万人など、短期間でフォロワー数を伸ばした実績を多く確認することができます。

それでは、TikTokはなぜフォロワー0人でもバズることが可能なのか？　その理由は、他のSNSのアルゴリズムがフォロワーからの評価を重視する一方、TikTokはフォロワーからの評価というよりも、コンテンツそのものを評価するアルゴリズムを持っているからなのです。

TikTokのアルゴリズムにどのような要素が組み込まれているかは第3章で詳しく解説するのですが、ここでは視点を変えて、なぜTikTokはコンテンツ優遇の評価ができるのか？　について解説したいと思います。

大前提として、同じ動画投稿プラットフォームのYouTubeでは、このしくみは真似しづらいものになっています。というのも、TikTokアプリを開いていただくとわかるのですが、数十本に1本ぐらいの頻度で、バズっていない動画が流れて来ることがあると思います。実はこれが、TikTok特有のアルゴリズムを生み出しているのです。

一般的なSNSの場合、投稿内容の質が高いか低いかの判断は、フォロワー数が前提になっています。そのため、フォロワー0人のアカウントでいくら質の高い投稿をしても、バズることはありません。一方、**TikTokでは、質が高いか低いかの判断は、フォロワー数によって切られることなく、少数の人のおすすめに表示することによって評価が行われ、その結果次第で動画がバズる**しくみとなっています。つまり、動画投稿時のフォロワー数に関係なく、動画の品質をしっかりと評価できる環境が整っているからこそ、後発アカウントでも既存インフルエンサーを一気に追い抜くことができるのです。

もう少しわかりやすく解説すると、YouTubeでは、チャンネル登録者が少ないアカウントの動画が関連動画に表示されることというのは、あなたがそのチャンネルを登録をしていない限り、ほぼ起こらないのです。なぜなら、YouTubeは短くても5分以上の動画が主流なので、5分間も評価が高いか低いかがわからない動画を視聴者に見せていたら、YouTubeのプラットフォーム自体の評価が下がってしまう懸念があるからです。

一方のTikTokでは、10~60秒程度の短い動画が中心なので、多少評価の低い動画が出てきたとしても、ユーザーが長時間を無駄にすることはありません。そのため、TikTokは評価が低い動画を全ユーザーに負担してもらうことで、効果測定を行うことが可能になります。その結果、フォロワー数に関係なく動画の評価が公平に行われるので、初投稿の動画だけで、ワンチャン1万フォロワーも目指せてしまうということなのです。

5. TikTokは一過性の流行で終わらない

世の中で注目を浴びるサービスには、一過性の流行で終わるサービスと、一過性の流行を超えて社会に浸透するサービスがあります。一過性の流行としてわかりやすいものには、カメラアプリの「SNOW」や、音声配信アプリの「Clubhouse」などがあると思います。どちらのサービスも世間から注目を浴びたと思うのですが、すでにピークアウトし、今後の伸び代は感じられないと思います。

そして**TikTokは、この一過性の流行を超えて、社会に浸透するサービスに分類される**と僕は考えています。この結論に行き着いた根拠は5つです。これから、その5つの根拠について解説していきます。

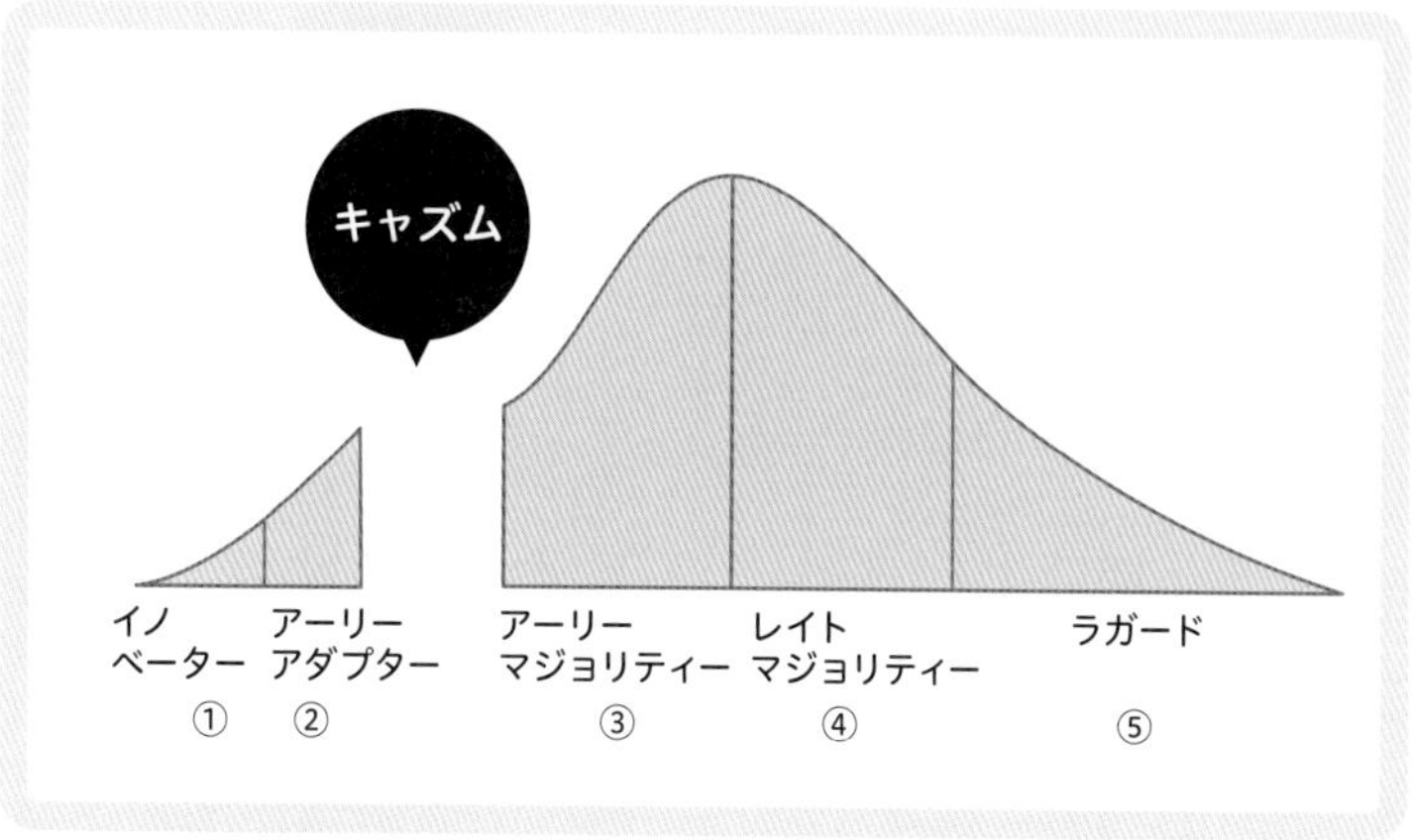

▲②と③の間にあるキャズム

根拠①キャズムを超えた

1つ目の根拠は、キャズム理論です。キャズム理論とは、新しいサービスが世に出た際、そのサービスが市場を獲得するために超えなければならないラインのことを意味します。キャズム理論の考え方では、市場の顧客を

①イノベーター（Innovator）
②アーリーアダプター（Early Adopters）
③アーリーマジョリティー（Early Majority）
④レイトマジョリティー（Late Majority）
⑤ラガード（Laggards）

の5つに分類します。

この中の②アーリーアダプターまでは、情報感度が高く、新しいサービスを導入しやすい層になります。そして、②アーリーアダプターと③アーリーマジョリティーの間には「キャズム」と呼ばれる深い溝があり、これを超えない限り、そのサービスは社会に浸透しないという理論です。逆に言うと、この溝を超えたサービスは社会に浸透する可能性が高いということになるのです。

①イノベーターと②アーリーアダプターは総人口の16％程度とされており、流行への感度が高く、物事に対する考えが柔軟であるという特徴があります。そして③アーリーマジョリティーとの間にあるキャズムを超えると、そのサービスは止まることなく社会に浸透していきます。

TikTokの日本でのMAU（16歳以上）は、2021年8月時点で約1700万人まで拡大している※1とのことなので、キャズムはすでに超えていると考えてよいのではないかと思います。

▼根拠②社会的認知が広がった

２つ目の根拠は、TikTokが社会的に認知され始めたからです。これは僕の主観的な感覚であり、数字に基づくデータではありませんが、２０２１年中頃から、TikTokが社会的に認められ始めたと考えています。というのも、それ以前にテレビでTikTokerが取り上げられることはほとんどなかったのが、この時期から少しずつ**TikTokerのテレビ出演が増えたり、TikTok関連の書籍出版が出てきたり、芸能人や行政機関・企業がTikTokアカウントを始めるようになった**という印象を持っています。

▼根拠③巨大SNSが焦り始めた

３つ目の根拠は、YouTubeやInstagramなどの巨大SNSが焦り始めているためです。２０２０年８月には、Instagramがショート動画機能であるリールをリリースしました。そしてこの流れを追うようにして、同年９月にはYouTubeショートがリリースされました。そしてＬＩＮＥも、ＬＩＮＥ ＶＯＯＭというサービスを２０２１年11月に提供開始しています。このように各ＳＮＳが、こぞってTikTok

を意識したショート動画のサービスを始めているのです。

ここで考えてほしいのですが、基本的にYouTubeは、5分以上の動画を楽しむアプリです。そしてInstagramは、写真やストーリーズを見て楽しむアプリです。つまりユーザーからしてみれば、YouTubeやInstagram内でショートムービーを見たい需要なんて、ほぼほぼ存在しなかったはずなのです。にも関わらず、GoogleやMeta（元Facebook）ほどの巨大テック企業が、今抱えているユーザー属性に合わない機能を実装するということは、目先の大きなリスクを取ってでも、将来的にそれ以上のリターンが見込めると判断しているからです。**これだけの大手企業が動くこと自体が、TikTokが短命で終わらないという根拠**だと思います。

▼根拠④ユーザー行動が変化した

4つ目の根拠は、ユーザーが短時間で多くの情報を求めるように変化したからです。スマートフォンが普及したことによって、僕らの生活にSNSはなくてはならないものへと変化しました。

SNSの歴史を振り返ると、文字情報のTwitter、写真のInstagram、動画のYouTubeというように、徐々に情報量が大きくなっていることがわかります。そしてYouTubeの次にあるものが、短時間で密度の高い情報を得られるショート動画や、リアルタイムのライブ配信だと思います。そしてそのポジションをちょうど捉えたのが、TikTokだったというわけです。時々勘違いをされる方が多いのですが、TikTokが生まれたからショートムービーが流行ったのではありません。そうではなく、**テクノロジーの進歩によって人間の情報処理速度が上がり、その変化を適切に捉え短時間で多くの刺激をユーザーに与えることに成功したのがTikTok**なのです。

ちなみにYouTubeでは、YouTubeショートの他に、切り抜き動画（長いライブ配信などの動画を面白い部分だけカット・編集した動画）が流行っています。また一部の若者の間では、1.5倍速でYouTubeを視聴するという習慣が根付いていたりします。これも根本には、ショート動画と同じく「短時間で多くの情報を得たい」というユーザー心理が含まれていると思います。

▼根拠⑤パーソナライズ需要

5つ目の根拠は、**パーソナライズ需要**です。TikTokは他のSNSと異なり、フォロワーに動画をリーチするというよりも、**都度都度そのコンテンツを求めるユーザーへ動画を届ける高度なAIを持っています**。

例えばAmazonで商品を購入すると、「これを買った人は○○も買っています」といった表示が出ることがあると思います。実際に僕は、歯ブラシを買った際に歯磨き粉がレコメンドされ、そのまま買ってしまった経験があります。その他、音楽配信サービスのSpotifyも、「この曲をよく聴くなら、○○も好きですよね?」といった具合にレコメンド機能が優秀です。つまり現代の若者が求めているのは、自分で自分に合ったものを情報収集して見つけ出すのではなく、自分にピッタリなものをおすすめしてほしいということなのです。これを踏まえると、わざわざ面白そうなサムネイルを探す手間がかかるYouTubeよりも、スワイプするだけで最適な動画が流れてくるTikTokが若者に受け入れられることが理解できます。

いかがでしたでしょうか？　ここまで解説してきたように、

①キャズム理論から考えてユーザーの増加は止まらないこと
②社会的に認知され始め、芸能人や企業、行政機関までが参入していること
③YouTubeやInstagramなどの競合が焦ってショート動画機能を実装したこと
④ユーザーが短時間で多くの情報を得たいという思考へ変化したこと
⑤ユーザーにパーソナライズされたコンテンツを配信するAIを搭載していること

の5つの理由から、まだまだTikTokの勢いはピークが見えない状態だと僕は考えています。

※1：https://xtrend.nikkei.com/atcl/contents/18/00597/00001/

6. TikTok1本で国内主要SNSのすべてに横展開できる

ここまで、なぜ今、TikTokなのか? について解説を行ってきました。しかし、それでもなお、「やっぱりYouTubeの方がすでに儲かることがわかっているし、TikTokはユーザーの年齢が低そうだからビジネスには向いていないのではないか?」と考える人がいるかもしれません。しかし、はっきりと言ってしまいます。

今、YouTubeを始める人はバカです。

すみません、尖ったことを言うのが好きな性格でして。ただし、これは割と事実に基づく話で、今YouTubeを始めてバカではない人がいるとすれば、それは「お金持ちだけ」だと思います。僕はすごく疑問なのですが、稼げることがわかった途端、人はそこに群がるんです。ただし、稼げることがわかった時点と言うのは、需要よりもすでに供給が上回っているので、勝ち残ることが難しくなっています。

そして、その状態で新規参入して勝てる人というのは、資金力のある企業だけです。なぜなら、お金さえあれば、YouTubeコンサルを雇って、動画編集者を雇って、台本も外注して、広告を出してと、パワープレーを行うことができるからです。逆に、そんな大企業に対して資金力のない個人が勝つには、「早期参入してポジションを獲得する」しかないんです。つまり、**利益が確定してから動き出すという戦略は、お金持ちの戦略。利益が出るか出ないかわからないうちから参入するのが、一般人の戦略**ということです。

もちろん、TikTokも徐々に稼げることがバレ始めてきました。それでも、まだまだ事例が少ないですし、供給側のインフルエンサーが増えている以上にユーザー数も日に日に伸びているため、まだ間に合うのです。

▼TikTokで5毛作を実現する

前述したように、基本的に今YouTubeへ参入するのはバカだと思います。ただし、例外的にYouTubeに新規参入しても勝てる方法が存在します。それが、TikTokで結果を出してからYouTubeなど他のSNSに動画を転載するという方法です。

以下のページは、2022年上半期のYouTube再生数ランキングです。

・**2022年上半期YouTubeチャンネル総再生数ランキング**
https://realsound.jp/tech/2022/07/post-1081231.html

5位はじゅんやさん9.1億回。4位がBayashi TVさん12.5億回。3位がSagawaさん20.3億回。2位がマツダ家の日常さん22.7億回。1位はISSEIさん32.6億回です。彼らの共通点は、いずれももともとはTikTokでバズっていたクリエイターであるということです。彼らはTikTokの動画をYouTubeで展開して、YouTubeでの再生回数獲得につながっています。特に5位のジュンヤさんは、日本人最速の394日間でYouTube登録者数1000万人を達成。2022年11月時点の登録者数が約1860万人と、日本1位となっています。

このように、TikTokでの成功をきっかけとしてYouTubeなど他のSNSに参入するということは、コスパの面からも効果的です。前述した通り、YouTubeはショート、FacebookとInstagramはリール、LINEはVOOMといったように、各SNSはこぞってショートムービー機能を実装しています。ですから、現時点では**TikTokを1本作るだけで4つのSNSに転載することができ、かなりコスパのよいSNS運用が可能ということなのです**（なお、主要SNSの中で唯一Twitterだけはショート動画が実装されていませんでしたが、2022年9月29日、英語版iOSにて、フルスクリーン動画を再生する新機能を発表しています。本書執筆時点では、Twitterのショート動画実装は確認できていませんが、仮に実装すれば、国内主要SNSのすべてにショート動画機能が実装されることになります）。

7. ショート動画の激戦区はTikTok

ここで、「ショート動画は、どのプラットフォームに最適化させて作ったらよいのか？」という疑問が生まれると思います。もちろん、ＳＮＳごとの特性の違いやガイドラインが異なることから、本当の理想は各ＳＮＳに適した動画を制作し、投稿することです。ただし現実的なリソースも加味すると、結論TikTokに最適化したコンテンツを作り、それを他のＳＮＳに転載するのがよいと言えます。この結論に到る理由は２つあります。

１つ目は、ショートムービーの激戦区はTikTokだからです。当然ですが、クオリティの高いショートムービーを作れるクリエイターが多いのはTikTokです。そのため、競合が多い場所で勝てる動画を作っていれば、他ＳＮＳでの勝率も高いという考え方です。２つ目は、YouTubeショートやInstagramリールのアルゴリズムは、

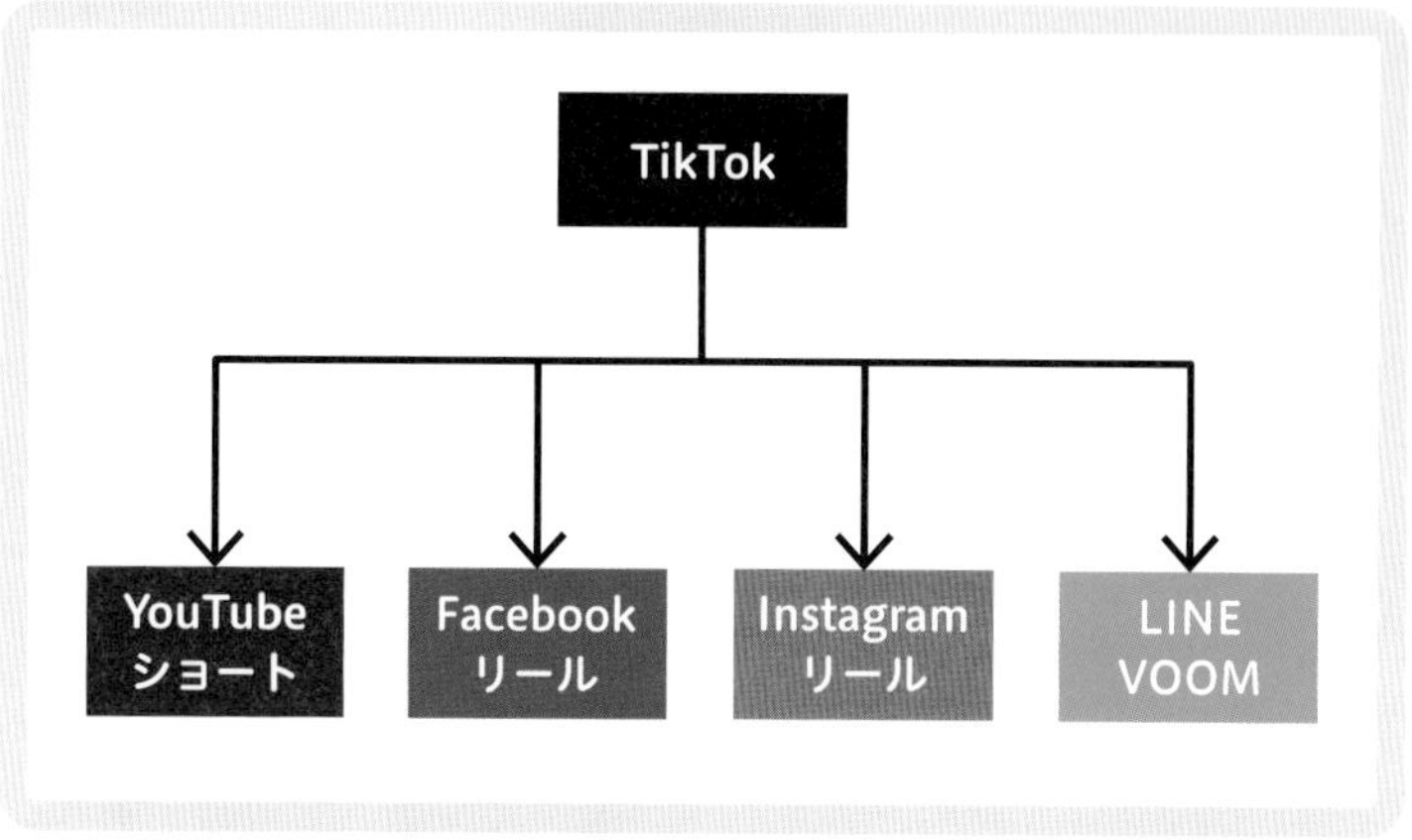

▲TikTokは他SNSへ横展開でき、コスパがよい

TikTokのアルゴリズムを研究した上で作られているからです。TikTokのアルゴリズムに最適化された動画であれば、その他のSNSのアルゴリズムにも適用できる可能性の高い動画であるということになります。TikTokのアルゴリズムについては、のちほど詳しく解説します。

以上の2つの理由から、TikTokに最適化したショートムービーを作るのが5毛作（YouTubeショート、Facebookリール、Instagramリール、LINE VOOM）ができてコスパがよいということなのです。

※1：https://yutura.net/news/archives/61490

8. TikTokユーザーの平均年齢は34歳

この章の最後に、もう1つお話ししておきたいことがあります。TikTokは「若いユーザーしかいない」「だから商品が売れない」そんな話を今でも耳にすることがあります。ところが、**意外にも日本のTikTokユーザーの平均年齢は34歳**であり、この数字は2019年以降、毎年上昇していることが博報堂の調査によって明らかになったのです※1。

この話を最初に聞いた時、正直なところ僕自身もデータを疑ってしまいました。ですが、仮に若年層の利用「率」が高く、30代以上の利用「率」が低くても、高齢化社会と呼ばれる日本の年代別の人口比率を考えれば、これは当然の話だと理解できるはずです。

またInstagramの平均年齢は38歳で、TikTokよりも4歳ほど平均年齢が高くなっています。これは、Instagramの日本上陸が2014年で、TikTokの日本上陸が2017年であることを考えると、リリースされた年数の差プラス1年分だけ、平均年齢に差が生じていることからも、納得のいく数値だと思います。

世間ではいまだにTikTokは「女子高生がダンスを踊ってるアプリ」といった声も聞こえてくるのですが、それは昔話であり、TikTokはとっくの昔に大人が視聴するアプリに変わっているという話です。だからこそ、次の章で解説するようにTikTokは「モノが売れる」SNSであり、ビジネスに活用することのできるツールであるといえるのです。

スマートフォンが誕生してGAFAが世界の覇権を握った今、シェアを取れなかった日本経済は長く停滞しています。このように、いつの時代も、次の時代の新しいテクノロジーが既存のしくみを塗り替え、そのしくみにうまく乗った企業が次の時代の勝者になります。そしてここまでお話ししてきた理由から、TikTokは

InstagramやYouTubeなどの巨大SNSやWebサービスを追い抜くだけのポテンシャルがあると僕は考えています。だからこそ僕は、

企業や個人は今すぐにTikTokへ参入するべき

だと考えているのです。

※1：https://digiday.jp/platforms/the-real-image-of-tiktok-users-from-the-content-fans-consumption-behavior-survey/

COLUMN

TikTokは縦型版YouTubeになる

15秒の短尺縦型動画サービスとして始まったTikTokですが、前述のように、1分→3分→5分→10分と、徐々に時間上限が撤廃されてきました。またTikTokのもとになった中国版TikTokのドウインを見ると、10分以上の動画も投稿可能ですので、近い将来時間上限はまだまだ拡大されていくと考えられます。またドウインでは、無料で映画を見られる機能も実装されています。その他、TikTokは動画配信だけではなく、ライブ配信にも力を入れているプラットフォームです。こうしたことから僕は、TikTokが目指しているのは縦型版YouTubeだと考察しています。

スマートフォンが誕生するまで、スタンダードな映像機器といえば、テレビだったと思います。そして、テレビが横型をしている理由として、一説によると劇場や映画館が横長だったからという考え方があるようです。劇場では売上を立てるために、お客さんをたくさん呼び込む必要があります。仮に壇上が縦長であればたくさんのお客さんが入らないので、売上が立たない。だから劇場も映画館も横長の構造であり、この構造を画面上に反映したのがテレビ、そしてそれを模したのがYouTubeなのではないか、という説です。それでは、スマートフォンはなぜ縦型なのか？これは単純な話で、電話として人の手にフィットして使いやすい方向に最適化させたからだと思います。

多くの方は気づいていないのですが、縦動画と横動画の間には、画面サイズ以外に大きな違いがあります。それは、1人を映し出すことに向いているのが縦動画で、複数人を映し出すことに向いているのが横動画であるということです。というのも、人間って長方形の生き物なんですよね。だから縦画面に人が入ると、余白がほぼなくなります。一方、横画面の場合は人間が1人だと余白が出てくるのです。つまり、**1人に特化したのが縦画面で、複数人演者を立てる必要があるのが横画面**だということです。そして、縦画面の場合は、**演者が1人に固定され画面の占有率が高いことで、親近感が生まれます**。この親近感をうまく利用することが、TikTok攻略の重要なポイントになるのです。

▲縦動画は1人を映し出すことに向いている

まとめ

- ✔TikTokは女子高生のダンスアプリではもはやなく、「教育」や「あるある」など多種多様なジャンルが誕生し、ユーザーの平均年齢は34歳と上昇している
- ✔TikTokは、DL数は2021年世界1位、視聴時間では米国と英国でYouTubeを上回り、月間アクティブユーザー数は10億人を超えている。この事実から考えて、今もっとも勢いのあるSNSはTikTokである
- ✔TikTokは、フォロワーが多い人を優遇せず、コンテンツを評価するプラットフォームであるため、フォロワー0人でもバズるSNSである
- ✔競合プラットフォームのショート動画機能の実装から考えて、TikTokは一過性の流行では終わらない。ショートムービー市場はまだピークアウトしていない
- ✔TikTokは1本作れば、YouTubeショートや、Instagramリールなどへ横展開できるので、効率のよいコンテンツである

第2章

TikTokは「モノが売れる」SNSである

1. TikTokで「モノが売れない」は嘘

「TikTokは若者が多いからモノが売れない」といった話をよく耳にします。もちろん、数年前はそうだったかもしれません。ですが、前述したようにTikTokの平均年齢は34歳です。そして、現在のTikTokでは「モノが売れた」という実績が次々に出てきています。

例えば賃貸物件の不動産では、物件の紹介動画をTikTokに投稿したところ問い合わせが月に100件を超え、20件以上の契約件数を実現したということです※1。ちなみに、僕のコンサル生の不動産事業を経営している方はフォロワー約1万人で、実際に4000万円前後の家を2軒売っています。また飲食業では、キッチンカーでチュロス販売をするCHURROS AVENUEさんは、静岡での月間売上が270万円を超え、その8割がTikTokからの流入ということです※2。また金沢フルーツ大福さんは、TikTok開始後半年で10店舗の展開に成功しています※3。**フォロワー数がそれほど多くなくても、マネタイズに成功している事例もあります**。僕のコンサル生にはフォロワー数2000人の占い師の方がいるのですが、TikTok流入の月商が100万円を超えるなど、何十万フォロワーのインフルエンサーではなくても商品が売れているのです。

このように、TikTokを使って商品を売り、ビジネスとして成功させてきた事例が、次々に登場してきています。つまり、「TikTokでモノが売れない」は真っ赤な嘘なのです。

※1：https://note.com/tiktok/n/nc166ffd0d390
※2：https://tiktok-for-business.co.jp/archives/6740/
※3：https://bizspa.jp/post-474270/

2. コンテンツへの支出金額が全SNSで1位

「TikTokでモノが売れない」が嘘であることは、数字によっても証明されています。博報堂の調査によると、TikTokは他のSNSと比較して、コンテンツへの支出金額において大きな差をつけています※1。この調査はドラマや漫画、小説、音楽などの項目ごとの支出額を調査したものなのですが、コンテンツへの総支出額の**SNS平均が約4万2538円**であるのに対し、**TikTokのコンテンツへの総支出額は8万5862円**と、突出した結果となっています。例えば「けんご📚小説紹介」さんが紹介した筒井康隆さんの約30年前の小説『残像に口紅を』は、動画投稿から4カ月で11万5000部の増刷につながっているということです。

また、2021年11月4日発売の「日経トレンディ2021年12月号」では、日経クロストレンドと11月3日に発表した「2021年ヒット商品ベスト30」を特集しています※2。その中では、「地球ぐみ」などのお菓子のような低単価商品から、飲食店、コスメ、高級車や高級旅館まで、ありとあらゆる消費の起点になることが評価され、「TikTok売れ」が1位に選ばれています。

僕がTikTokを始めた2019年は、「TikTokって若い子が使ってるアプリでしょ？」「マネタイズ厳しくない？」といった意見をいただくことも多々ありました。2019年時点であれば、その考え方は正しかったかもしれません。しかし、コロナ禍という時代背景も後押しして、TikTokは幅広い年齢層が視聴するアプリへと変わりました。その結果として、マネタイズ事例が直近で増えてきていることから、今後企業のTikTok参入はますます加速するものと考えられるのです。

※1：https://digiday.jp/platforms/the-real-image-of-tiktok-users-from-the-content-fans-consumption-behavior-survey/
※2：https://xtrend.nikkei.com/atcl/contents/18/00549/00002/

3. TikTokは広告との相性も抜群

YouTubeを見ていると、スキップできない広告がいきなり差し込まれ、「早く終わらないかな?」という感情を抱くことが多くあると思います。当然といえば当然なのですが、世の中の人は基本的に広告を嫌います。これはインターネットの世界だけでなく、いきなりかかってくる営業電話や、街中のビラ配りなど、広告というのは基本的に人に好まれていないものだと思います。つまり広告であると認識された途端、その広告は広告効果を下げてしまうのです。

そこで相性がよいのが、やはりTikTok広告です。TikTokでは動画と動画の間に広告が挟まっているので、広告であるということを一瞬で認識できません。また、**TikTok広告ではTikTokっぽい広告が好まれる傾向があることから、広告そのものがエンタメとして成立しています。**

TikTok広告には、TikTokerの動画を広告として使える「Spark Ads」というプランがあります。この広告プランは、自社や第三者のTikTokのTikTokアカウントを使って、普段のTikTokerのテイストに合わせた広告を掲載するというものです。ユーザーからすると、従来のような広告色の強い広告ではなく、1つの動画コンテンツとして楽しむことができるので、ユーザーとの親和性が高く広告効果が高いと好評のようです(ちなみにSpark Adsで第三者のTikTokerの動画を使用する場合、クリエイターに対して固定費で2次利用料を支払うことがメジャーな座組みです)。

ここまでで、TikTokはプラットフォームの構造上の理由で広告との相性がよいという話をしました。実はもう1つ、TikTokが購買に結びつきやすい理由があるのですが、この点を次に解説します。

4. 無目的の出会いが購買につながりやすい

ここで、「TikTokはどんなシーンで使用されるアプリなのか?」ということをイメージしてみてください。多くの場合、電車の中、仕事の合間、お風呂の中、夜の何もしていない時間、夜寝つけない時のベッドの中などが多いのではないでしょうか? これらに共通して言えるのは、「暇な時間に起こる無目的の出会いである」ということです。

これはTikTokのユーザー追跡調査（調査委託先マクロミル／出展：TikTokユーザー白書（2020.11））のデータなのですが※1、ユーザーに対して「新しい発見がありそうだと思うのはどちらですか?」という質問を投げかけたところ、「見ようと思って見る動画」が20.1%、「偶然見かけた動画」が79.9%という結果が得られました。この調査結果からは、**潜在層に対して商品やサービスの販売を行うには、「目的**

意識なく見た動画」つまり「暇な時間に起こる無目的の出会い」が重要であるということがわかります。

また、これもTikTokのユーザー追跡調査によるものですが、実際に「TikTok内で紹介された商品、サービスを購入したことがある」と答えたユーザーは、2018年時点では12.7%であるのに対して、2021年時点では18%という結果になりました。また「TikTok内で紹介されたハウツーを実践することがある」と答えたユーザーは、2018年時点では18.5%であるのに対して、2021年時点では23.8%という結果になっています※2。つまり**TikTokは、無目的のユーザーへリーチすることで、ネットからリアルの購買・行動へ誘導**するのに長けたツールであるということなのです。

※1：https://tiktok-for-business.co.jp/archives/5108/
※2：https://tiktok-for-business.co.jp/app/wp-content/uploads/2021/06/insight-report-202106.pdf

5. TikTokは「認知」に特化したSNSである

ここまでで、TikTokでモノが売れるということ、またTikTokはモノを売りやすいプラットフォームであるという話をしてきました。では、そもそも売れるモノと売れないモノの違いは何なのでしょうか？　その1つの要素として、ユーザーがその商品を「認知」できているか否かということがあります。当然ですが、どんなに美味しいラーメンだって、誰も美味しいと知らなければ、売れるはずがありません。つまり、**モノを売るための第一歩は、その商品を知ってもらえるかどうか。つまり「認知」の獲得**なのです。

人がモノやサービスを「認知」してから「購入」するまでの過程というのは、マーケティングファネルという理論に落とし込まれています。具体的には、次の図のようなフローを踏むことによって、認知から購入へと至ります。

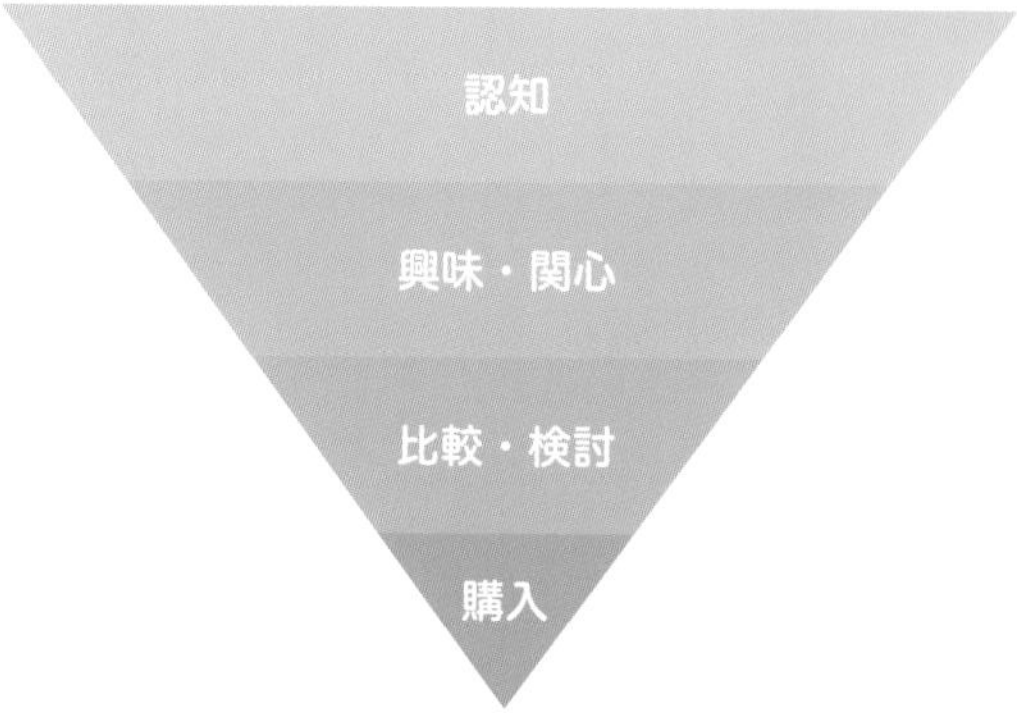

▲マーケティングファネルにおける「認知」から「購入」までの流れ

認知（商品を見つける）
↓
興味・関心（ネットで調べる）
↓
比較・検討（類似商品と比較し検討）
↓
購入

ちなみに、購入したらそこで終わりではありません。商品を気に入ってもらえたら、継続購入（ブランドを好きになる）につながり、その後ユーザーの自発的な拡散（口コミ）につながります。そうすると、最終的にその口コミを見た新しいユーザーの「認知」に戻っていくというサイクルが生まれるのです。このように、よい商品というのは「認知」から「購入」へ、そこからまた「認知」へという、よいサイクルを生み出しているのです。

▼TikTokは「認知」のファネルでパワーを発揮する

繰り返しになりますが、TikTokが他のSNSと大きく異なる要素の1つが、「フォロワー0人でもバズる」という部分です。一般的なSNSは、基本的にはフォロワーへリーチすることをメインとしています。一方のTikTokは、フォロワーではなく、都度興味・関心のあるユーザーに最適化したレコメンドが行われるため、マーケティングファネルの「認知」においてもっともパワーを発揮するのです。この「認知」というファネルは、もとはテレビが担っていた領域です。そのため、**TikTokerを広告に起用する企業の中には、TikTokを少額版テレビCM**と見なしているところもあります。

こうしたマーケティングファネルの推移に各メディアを当てはめると、次の図のようになります。TikTokなどのショート動画やテレビによって、ユーザーは商品を

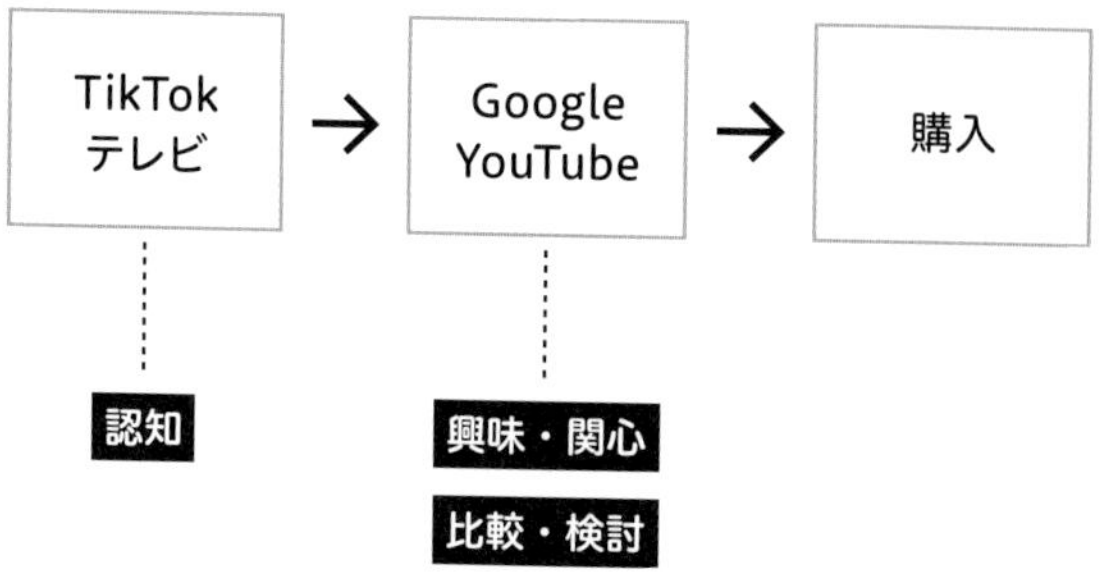

▲TikTokは購買行動の最初のステップである「認知」の役割を担う

「認知」します。商品が気になったユーザーは、YouTubeやGoogleで検索して、商品について調べます。次に、類似商品と「比較・検討」を行います。そして、この「比較・検討」を潜り抜けると、ようやくユーザーは商品を「購入」するのです。

このように、購買行動の最初のステップは「認知」です。そして商品が認知され、興味を持ってもらうという点で、TikTokは強力なマーケティングツールとなるのです。

6. TikTokがGoogleやFacebookよりも時流に乗っている理由

TikTokは、GoogleやFacebookといった従来のサービスと比較して、より時流に乗ったサービスであると言えます。ここでは東洋経済オンライン掲載の宮下紘氏による記事「個人情報に鈍感な人に伝えたいGAFA規制の意味」(https://toyokeizai.net/articles/-/427828)を参照しながら、TikTokがいかに今の時代にあったサービス、広告施策であるかを見ていきたいと思います。

現在、世界では個人情報のデータ収集に規制をかける動きが活発化しています。この背景にあるのは、GAFAに代表されるデジタル・プラットフォーム事業者の大躍進です。彼らは、消費者から個人情報を収集・利用して顧客像を造り出し、パーソナライズした広告を配信することで、ビジネスを成功に導きました。その結果、GAFAを利用する私たちは、「スマートフォン上で操作される存在」に変わってしまいました。こうした点に対する不満から、個人情報の収集を規制する動きが世界中で起こっているのです。ドイツでは、2019年2月に、「フェイスブックの個人情報の収集が市場の支配的地位の濫用に該当するとして、フェイスブック以外の第三者からの個人情報の収集の禁止を命じました」。またフランスでも、「データ保護監督機関であるCNILが、2019年1月にグーグルに対して5000万ユーロの制裁金の支払い」を命じています。日本国内においても、個人情報保護の強化が行われ、2020年には「特定デジタルプラットフォームの透明性及び公正性の向上に関する法律」が成立。「デジタル・プラットフォーム事業者に対し契約条件の開示や変更時の事前通知などが義務付けられるようになりました」。

Googleや Facebookがシェアを獲得できた1つの理由は、個人情報の収集に規制がかけられていない従来の条件のもと、ユーザーのスマホ内での行動を取得することで、ユーザーがすでに興味を持っている商品の広告を表示できたからです。つまり、今までのGoogleやFacebookというのは、前述のマーケティングファネルの認知を飛び越えて、すでに興味・関心を持っているユーザーへ「直接」リーチできていたからこそ、効率がよかったのです。しかし個人情報保護の強化によって、従来のような**個人情報の収集ができなくなり、興味のあるユーザーにダイレクトに広告を届けることができなくなりました**。ということは、**これからの時代は「認知」をとれる広告が強いという話になります**。そして、前述したようにTikTokは認知を得意とするSNSなので、今の時代にあった広告施策なのだというわけです。

このように、現在においてTikTokはモノを売るための最良のメディアであるということが言えます。数年前まで、TikTokのユーザーは若いから商品が売れないと言われてきました。ですが、数多くの成功事例から、商品・サービスの購買にTikTokがつながるということがすでに明らかになっています。この背景には、TikTokは無目的で視聴するアプリのため購買につながりやすいこと。また個人情報保護の流れを受けて、認知を獲得できるメディアの重要性が高まっていることなどが挙げられます。だから、TikTokでモノを売ることが可能なのです。

COLUMN TikTokにとってネガティブな動画はアップしない

これは僕が大切にしている価値観でもあるのですが、**僕はどんな時も、関わってくれるすべての人が理論上プラスになる**ことを意識しています。僕はこれをwin-win-winと呼んでいます。こうした想いがあって僕は、仮に再生数や商品の販売が見込める場合であっても、インフルエンサー個人を攻撃するような動画は投稿しないことにしています。

そしてこのwin-win-winという考え方には、TikTokerだけでなく、動画を見てくれるフォロワーさんも、発信の場を提供してくださるTikTok社さんも含まれます。特にTikTokは中国系のアプリですから、中国に関わるセンシティブな投稿は行わない方針です。これに対して「情報の信頼性が損なわれる」といった意見もいただくのですが、僕は仲間のマイナスを受け入れて先に進めない主義の人間なのです。

まとめ

- ✓TikTokでモノが売れないは嘘
- ✓TikTokはコンテンツへの支出金額が全SNSの中で1位
- ✓日経トレンディ2021にて「TikTok売れ」が1位
- ✓レコメンドによる無目的の動画視聴は購買につながりやすい
- ✓個人情報保護の流れがTikTokの重要性を高めている

第3章

TikTokは「アカウント設計」で攻略する

1. TikTokを始める前のアカウント設計は超重要

ここまでで、TikTok市場が激アツであることをご理解いただけたと思います。そして、本書を読まれている方のモチベーションとしては、「どうやったらバズるのか?」ということに興味を引かれていることと思います。この「バズるためのノウハウ」は4〜6章で紹介しているのですが、その前に本章を読み飛ばさないことをおすすめします。

なぜなら**SNS運用というのは、最初の設計がその後を大きく左右する**からです。

事実、**フォロワー数10万人の某TikTokerがオフ会を開いたところ、お客さんが1人も来なかったという事例**も発生しています。極端な例ですが、漫画のワンピースが好きだからといってワンピースのテレビアニメを切り抜いてTikTokにアップしたとしても、そのアカウントをフォローしたユーザーはワンピースの動画を見たいだけ

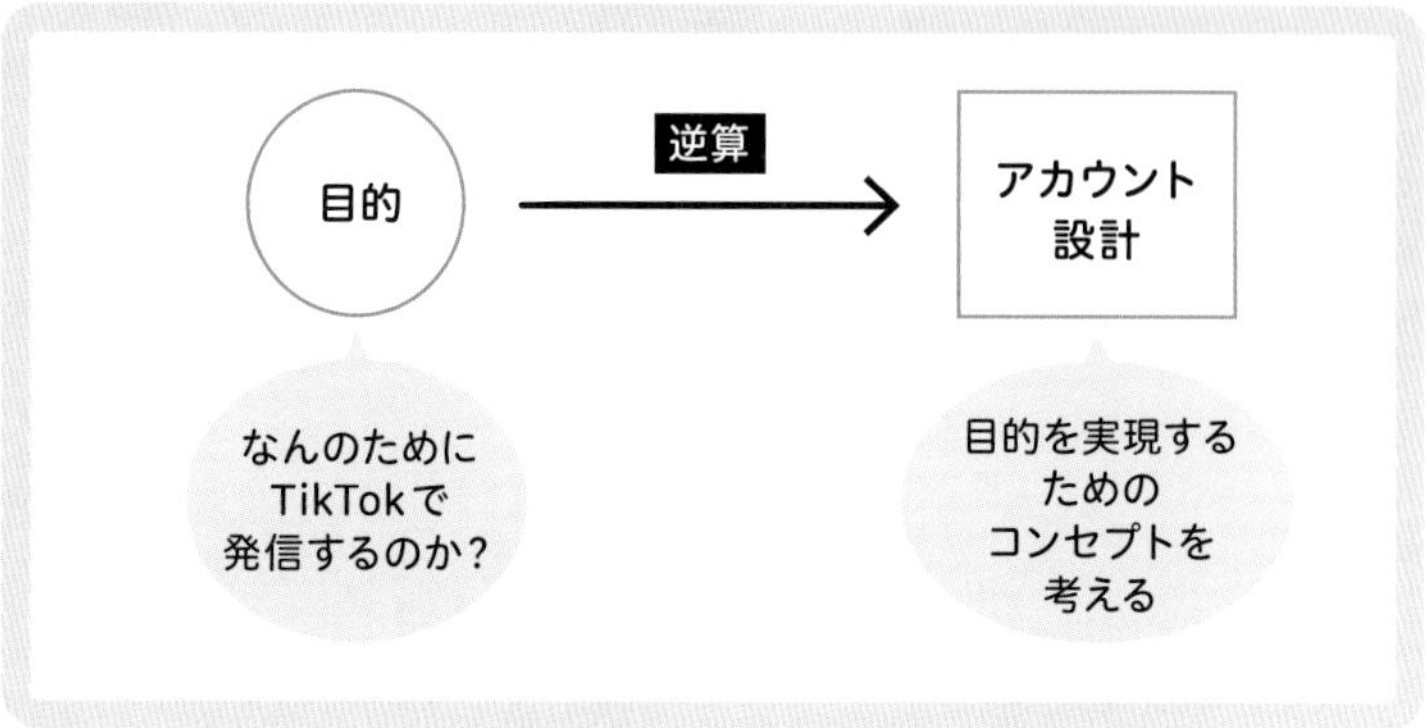

▲目的から逆算してアカウントを設計することが重要

であって、切り抜きをしている運用者には一切興味がないのは当然だと思います。つまり、ファンがつきやすいアカウントかどうか？　集客につながりやすいアカウントかどうか？　は事前のアカウント設計が重要で、目的から逆算してアカウントを作るべきということなのです。

もちろん、アカウント設計をしっかり行っても仮説が外れて失敗する可能性はありますし、しなくても偶然うまくいく可能性もあります。ただし少なくとも言えることとしては、アカウント設計をした方が打率が上がるという話です。ということで、本章では「失敗しづらいアカウント設計」について、お話をしていきます。

2. コンセプトを明確にして最速でゴールを目指す

前述したように、TikTokのフォロワーが増えるだけでは集客はできません。そして集客を前提としてTikTokを開始する場合、初期設計で考えなければならないのは、コンセプト（＝動画を投稿していくジャンル）です。このコンセプトを見つけるためには、次の3つのステップを行う必要があります。

▼ステップ①ゴールから逆算する

最初のステップは、ゴールからの逆算です。ゴールを設定せずに、動画を投稿するのはやめましょう。あなたがTikTokerになりたい理由の根底には、

- アパレルをやりたい
- 化粧品を販売したい

- **有名になりたい**

などなど、目指したいゴールがあるはずです。このゴールが明確であれば、

将来英会話スクールを立ち上げたい
↓
だから英会話の知識を発信する

といったように一貫性のある発信を行い、ゴールへと向かうことができます。

一方、**ゴールを明確に決めていない場合は、ただ単に再生数を伸ばし、フォロワーを増やすことが目的になります。その結果、いつまでたってもその先のゴールにたどり着くことができません**。僕が過去に話を聞いたTikTokerには、将来アパレルをやりたいのに、謎に英会話を発信している子がいました。英会話を学んで服を買いたくなる人っていないですよね？

ですから、どこに行き着くかがわからないまま行動するのではなく、最初にゴールを決めて、最短ルートでゴールへ向かいましょう。そのためには、

何をゴールにするのか？
そのゴールにたどり着くにはどういうジャンルの発信をすべきか？

を考えていくことが重要です。

▼ステップ②「市場規模」を確認する

2つ目のステップは、市場規模の確認です。あなたがどれだけ質の高い動画を数多く投稿しても、市場規模を理解していなければ、大失敗する可能性があります。なぜなら、**市場規模の小さなジャンルでいくら良質な動画を投稿しても、その市場規模以上の成果を上げることはできないからです**。大きな成果を出すためには、それに見合うだけの市場規模が必要なのです。それでは、狙っているジャンルの市場規模はどのようにして確認するのか？　簡単な方法が2つあります。

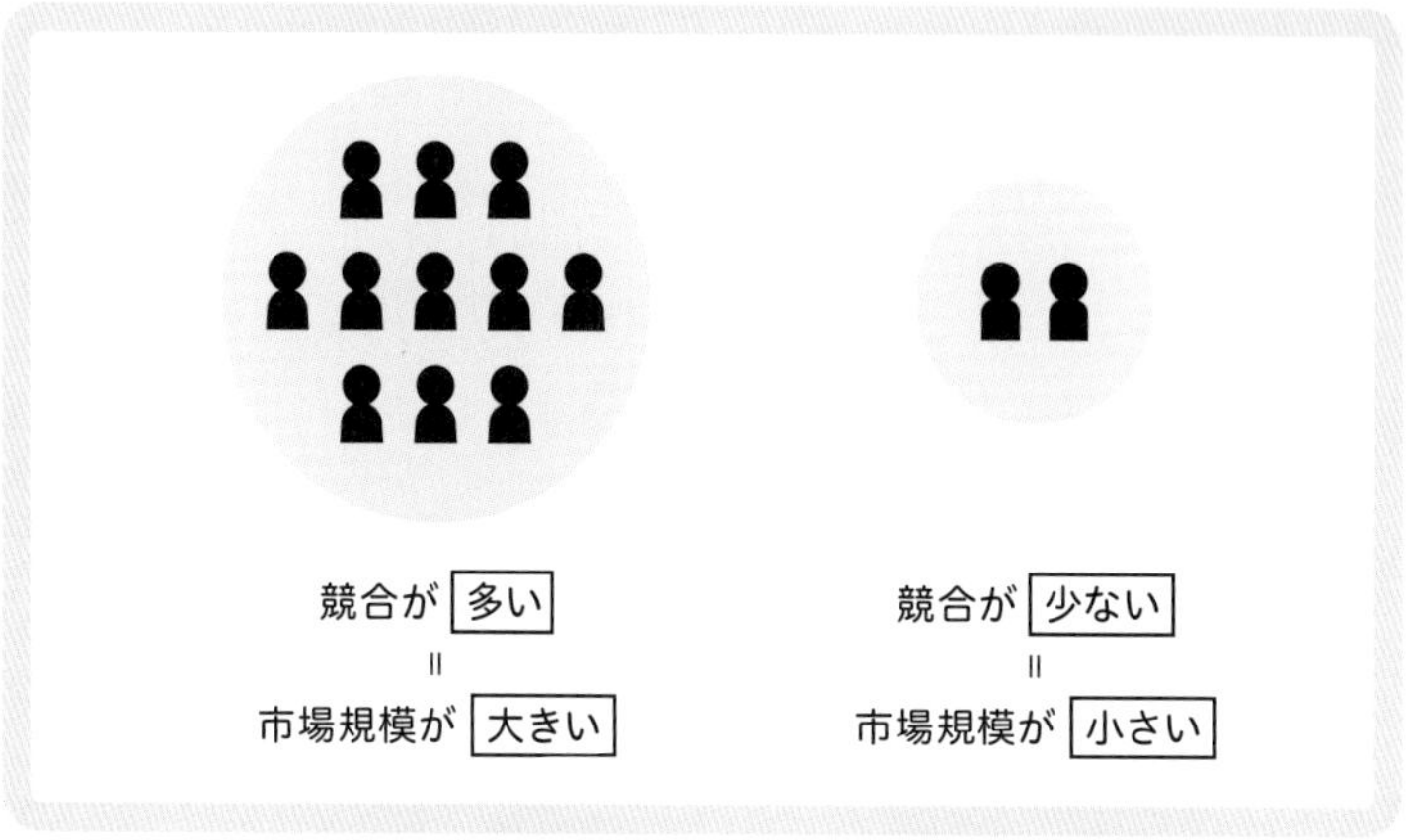

▲「競合の多いジャンル＝市場規模が大きいジャンル」である

1つ目の方法は、発信を検討しているジャンルに、競合インフルエンサーが存在するかどうかを見る方法です。例えば英会話であれば、「ＭＣ ＴＡＫＡ」「ぴーたー&ほーみん」「kevin」など、数十万フォロワー以上のインフルエンサーを多数確認できます。また、あるある系の動画では、「ウンパルンパ」「シダヒナノ」など、多数の数十万フォロワー以上のインフルエンサーを確認できます。

このように、TikTok内のそれぞれのジャンルには、影響力のある著名なTikTokerがいます。そしてこのように**著名なTikTokerがいるジャンルは競合となる配信者が多く、**

それだけ「市場規模の大きなジャンル」であるということがいえるのです。最低ラインの基準としては、フォロワー10万人以上のTikTokerが1人いれば、その発信ジャンルに需要がある可能性が高いと考えてよいでしょう。

2つ目の方法は、#（ハッシュタグ）で視聴回数を確認する方法です。例えば次ページの画像は、「#あるある」で検索したものです。検索結果に100M以上の再生数が取れている#が存在していれば、その発信ジャンルに需要がある可能性が高いです。一方、10M以下の再生数ですと、その発信ジャンルに需要がない可能性が高いと考えられます。

このように、「アカウントの発信ジャンルを決定する際に、競合の多い市場を探しましょう」という話をすると、少し頭がよい方から「いやいや、ブルーオーシャン（＝未開拓市場）でしょ」といったお言葉をいただくことがあります。ですが、「ブルーオーシャン」の市場は選択せず、基本的には競合が多いジャンルを選択することを推奨します。

というのも、ブルーオーシャンを見つけるのは、極めてセンスが必要とされるからです。これは、ＳＮＳ初心者が陥りやすいトラップです。「まだ誰も手をつけていないように見える発信ジャンル」というのは、誰も手をつけていない未開拓市場なのではなく、多くの方が挑戦した結果、失敗に終わり、すでに撤退している市場である可能性が高いのです。

▲#（ハッシュタグ）で視聴回数を確認する

つまり、**ブルーオーシャンで発信しようとする方々の多くは、ブルーオーシャンではなく、単に魚のいない海で釣りをしているケースが多い**という話です。だからブルーオーシャンはやめましょう。

また、**競合が多いからといって、The TikToker的なダンスやミーム動画を選ぶことはやめましょう**。TikTokといえば、誰もが「ダンス」や「ミーム」をイメージすると思います。つまり、新規参入のTikTokerの多くがThe TikToker的な動画をアップするので、供給過多の状態になっているのです。

しかも、現在のTikTokにはエンタメや教育などのさまざまなジャンルの動画が投稿されるようになっているので、視聴者のダンスに対する需要の割合も年々小さくなっています。つまり、The TikToker的なジャンルは需要は縮小しているのに供給は拡大しているため、超超超攻略難易度が高い発信ジャンルなのです。

ステップ③そのジャンルに没頭できるかを考える

①でゴールから逆算し、②で市場規模を確認しました。しかし、そこで見つけたジャンルをコンセプトにするのは、まだ早いです。最後に重要なのが、③そのジャンルの発信に没頭できるか？です。

子供は1日中ゲームができますが、1日中勉強はできないと思います。つまり、人間は好きなことにしか本気になれない生き物です。ですから、最後に**そのジャンルの発信に自分自身が没頭できるか？ 本当にやりたいことなのか？**を考えてみてください。

ここまでで、アカウントのコンセプトを明確にするために必要な3つのステップを解説しました。この3つの条件をすべて満たすコンセプトを見つけた上で、アカウントのプロフィールを作っていきましょう。プロフィールの作り方に関しては、後述します。

3. 差別化を図って唯一無二の存在になる

ここまでの話から、TikTokにおける市場選択は、基本的にはライバルが多い市場がよいということを理解できたと思います。ただし、単に大きな市場の中で似たような発信を始めたとしても、あなたのコンテンツは埋もれてしまいます。ですから、競争の激しい市場の中で、差別化をすることが必要になります。ここでは、ビジネスの世界で用いられるポジショニングマップを用いた差別化の方法と、キャラの確立という意味での差別化の方法をご紹介します。まずは、ポジショニングマップを用いた差別化についてです。ポジショニングマップとは、意味の異なる2軸で作られたマトリクス上に、自社・競合他社の商品・サービスを配置した図表のことを指します。ポジショニングマップは企業が新規事業を立ち上げる際に用いられることが多く、**自社・競合他社が市場においてどのようなポジションに位置するかを視覚的に理解し、差別化を図りやすくするためのものです。**

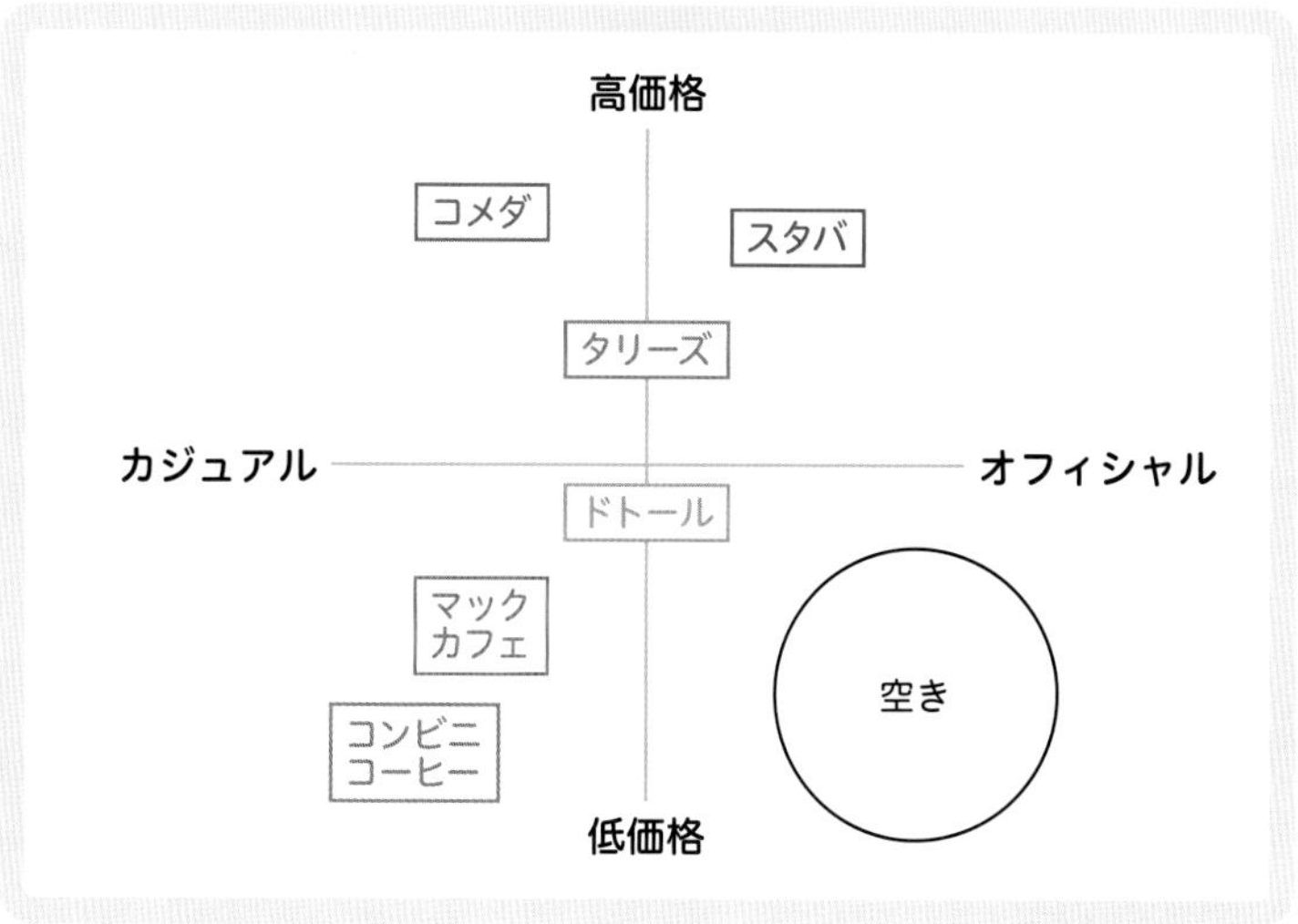

▲外食カフェ業界のポジショニングマップ例

上の図は、外食カフェ業界を例として作成したポジショニングマップです。価格による縦軸と、シチュエーションによる横軸によって、現在の市場に存在するカフェ店を配置したものです。

このように配置すると、右下の丸で囲んだ部分のポジションが空いていることがわかります。つまり、低価格でオフィシャルな店舗を考えた場合、ここは他社が参入していない市場であることが理解できるのです。反対に複数の店舗が存在する場合には、競争が激しいポジションである

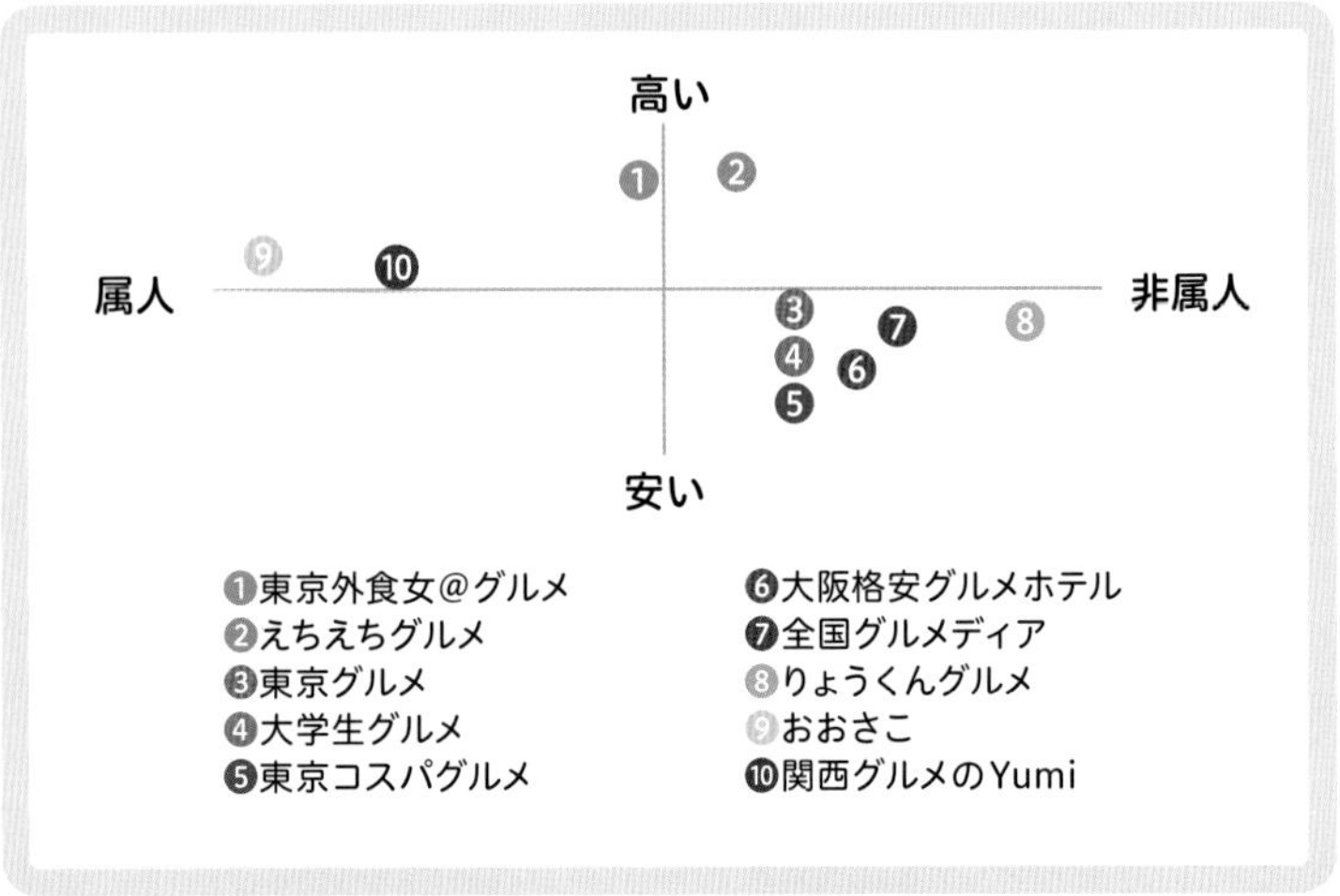

▲TikTokの「グルメ」ジャンルのポジショニングマップ

ことを意味します。大枠の考え方として、ポジショニングマップはこのような使い方をします。

これをTikTokの「グルメ」という市場に落とし込んでみると、上の図のようになります（グルメアカウントの数は数えきれないほど存在していますので、一部を掲載しています）。ご覧いただくと理解できると思うのですが、グルメアカウントは低価格帯×非属人のアカウントに集中していることが見て取れます。

低価格帯に集まる理由はシンプルで

す。TikTokの平均年齢は34歳といえど、全主要SNSの中でもっとも若くなっていいます。若いということはお金がないユーザーが多くなるので、安さを売りにするアカウントの方が伸びやすいというわけです。その他、発信者側のコストがかさむという意味でも、高価格帯のグルメメディアは誕生しづらいと考えられます。

また、グルメアカウントに属人性が低いものが多い理由としては、グルメジャンルで視聴者が見たいのは人ではなく、料理であるためだと考えられます。その他、TikTokのグルメアカウントと言えば「東京グルメ」さんだと思うのですが、このアカウントの設計を真似しているアカウントが多いことで、グルメアカウントは非属人のアカウントが多いということも推測できます。

このようにポジショニングマップを用いた差別化を考えると、グルメアカウントの場合、参入余地があるのは「属人性の高いグルメアカウントや高価格帯のグルメアカウント」かなと思います！

ここで、本項で解説した「差別化」と、Ｐ76で解説した「ブルーオーシャン」について混同してしまわないようにご注意ください。Ｐ76で解説した「ブルーオーシャン」というのは、あくまでも市場を選定する際の話になります。前述したように、「ブルーオーシャン」は魚がいない海である可能性が高いため、この市場（ジャンル）での参入はおすすめできません。一方、本項で解説したのは、このような方法で選択した市場の中でいかに差別化を図るか？　という話になります。魚の多い海の中では、埋もれないための差別化が必要になるからです。次項からは、この差別化のためにキャラを確立する方法について解説します。

4. キャラを確立して差別化を図る

ここからは、数あるTikTokerの競合の中で差別化を行うための、キャラを確立する方法について解説をしていきます。**長期に渡ってバズり続けるTikTokerに共通するのは、ユーザーに「○○の人」と呼ばれるようなブランディングができている**という点です。

例えば「街中で英語でインタビューする人」や「ホス狂の人」「映画感想の人」「東京の大学生の人」など、伸びているTikTokerには共通して、ユーザーが言語化できるキャラクターがあります。正しく設定したアカウント軸に沿った発信をしていても、特徴がなければユーザーに覚えてもらうことはできません。ここでは、キャラを生み出すために今すぐ実践できるノウハウを5つ紹介します。

①決め台詞

1つ目のノウハウは、「決め台詞」です。修一朗さんは「僕は東京の大学生」、MC TAKAさんは「Are you kiddin me?!」、りーささんは「沖縄に住む妖怪酒飲み独身アラサー社会不適合者のフルコンボだドン！」、春木開さんは「ポジティブ足りない」といった感じです。**「この人」といえば「このセリフ」**と言った決め台詞を作れれば、ユーザーに覚えてもらいやすいです。

②服装

2つ目は「服装」です。ガリレオの場合はReZardのパーカー、あたろーさんは恐竜の着ぐるみをユニフォームにしています。その他、白衣や奇抜な色の服など、目立ちやすい格好の服を購入するのも一案です。ちなみに目立ちやすいだけでなく、自分自身のブランドをイメージして服装を決めると効果的です。例えば**「白衣」を着ていると、それだけで発言に信頼性があるように見えます**。YouTuberのラファエルさんのように仮面をつけることも、1つの大きな差別化になります。

▼③髪型

3つ目は「髪型」です。ゆら猫さんは緑メッシュ、ヒカルさんは黒と金のツートーンによって、一瞬でユーザーに覚えてもらう工夫をしています(厳密にはヒカルさんはYouTuberですが、キャラの確立という視点では参考になります)。

▼④背景

4つ目は「背景」です。ガリレオやアトム法律事務所の岡野弁護士、野口嘉則さんなど、教育系TikTokerの多くは、本棚を背景に撮影しています。背景を固定することによって、ユーザーに覚えてもらいやすくなります。背景の作り方としては、発信ジャンルに関連するモノを背景にするのが効果的だと思います。なお教育系TikToker以外は、背景を統一する動機は薄いと思います。

▼⑤やらないことを決める

5つ目はこれまでとは反対に、「やらないことを決める」です。例えばペイント星矢さんは、若干例外はありますが、基本的に青一色で絵を描いています。これによりペイント星矢さんは、「青い絵を描く人」という印象が強く残ります。そして、それ以外の色で絵を描かないことによって、キャラを確立しています。

これは、ラーメン屋さんに例えると、塩でも、醤油でも、味噌でも、豚骨でも、なんの味でも楽しめるラーメン屋さんは、それはそれで魅力があると思うのですが……一方で、豚骨専門のラーメン屋さんのお客さんが4分の1に減るかというと、そうではないと思います。このように、**やらないことを決めることは、その人らしさを確立することにつながる**と思います。

ここでは、差別化を図るためのキャラ作りのノウハウを5つご紹介してきました。どの発信者とも同じ、ありきたりなコンテンツを作ってしまえば、高い確率でそのコンテンツは埋もれることになります。ここで紹介したような差別化を行って、あなたらしいアカウントを作ってみることをおすすめします。

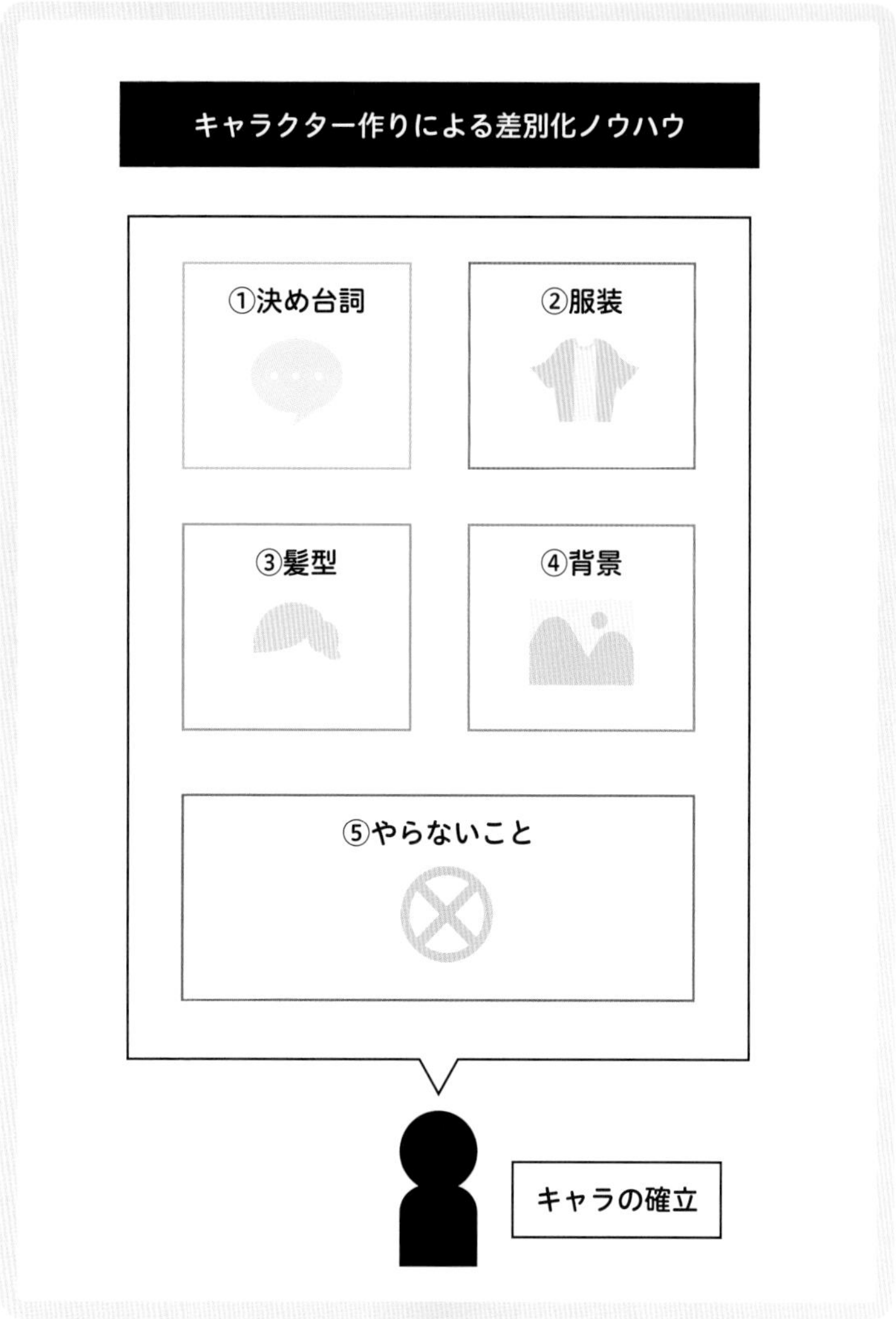

▲5つの差別化ノウハウによってキャラを確立する

5. プロフィール次第でフォロー率が変わる

ここまで、フォロワーを増やし、集客するためのコンセプトやキャラクターの確立方法について解説してきました。そして、TikTokでユーザーがフォローするかしないかを決める際の判断に大きく関わるのが、プロフィールです。SNS初心者の中には、**単に再生回数を出せばフォローしてもらえるという考えの人もいるのですが、発信内容、容姿、プロフィール設計などによって、フォロー率は大きく変化します**。TikTokの場合、フォローまでの経路は2パターンあります。1つが動画内のプラスボタンでフォローする方法。もう1つがプロフィールをチェックしてからフォローする方法です。このうちプロフィールをチェックしてからフォローするユーザーに対しては、プロフィールの設計が非常に重要になります。TikTokのプロフィールは、アイコン、自己紹介文、アカウント名の3要素から構成されています。以下で、それぞれの効果的な作り方について解説します。

▼①アイコン

プロフィールに掲載するアイコンは、あなたのよさを視覚的に伝えられるものですから、適当に設定するのはNGです。ただし無理に凝る必要はなく、自分の上半身が写っているような写真で問題ないでしょう。以下で、僕が考えるアイコンのよい例・悪い例を記載します。

まず、よいアイコンについて説明します。よいアイコンの特徴は、とにかく目立つことです。ユーザーが最初に目にするアイコンは、プロフィールではなく、動画内の小さいアイコンです。この小さいアイコンでもわかるような差別化を行い、気になってタップしてもらうことに成功すれば、フォロー率UPに寄与することができます。

ここで、僕自身が差別化の重要性を再認識した話があるのでご紹介します。これは僕が聞いて共感した、東京五輪のロゴの最終選考の話です。東京五輪のロゴの最終選考には、次ページのリンク先にあるように、A～Dの4案が残りました。

- **東京2020大会エンブレム最終候補作品に対するご意見集約レポート**
https://gtimg.tokyo2020.org/image/upload/production/ub5auaoa2jlxeejlczs4.pdf

もちろん、どのロゴが東京五輪にふさわしいかは、最終審査によって決定されるわけです。しかし、僕が聞いた話の要点としては、最終審査をしなくても、A案に決まることは事前に決まっていたのではないか、ということなのです。というのも、これらの案のうち、B～D案がカラーで、A案だけがモノクロだったからです。

単純に、モノクロを好む人とカラーを好む人が半々だとしましょう。そうすると、モノクロが好きな人は確実にA案に投票します。一方でカラーが好きな人は、確実にB、C、D案に投票します。そうすると、当然ですが、東京五輪のロゴはA案に決まってしまいます。もちろん、モノクロを好む人、カラーを好む人が半々になるとは限らないのですが、少なくともA案が投票前からかなり有利だったことは事実だと思います。ここで何を伝えたいかというと、東京五輪のロゴと同様、**TikTokのアイコンも差別化によって注目を集めることが重要**という話です。例えば、次のような方法が考えられるのではないでしょうか？

・背景を1色にする

人は長方形の生き物ですから、円形のアイコンでは両サイドに余白が生まれます。この部分がもったいないので、1色で埋めることによってインパクトが出ます。ちなみに、僕のアイコンは背景を1色にしているわけではないのですが、紫色調のグラデーションにすることで色味を統一し、目立たせています。

・モノクロ写真

意外と、モノクロ写真を設定しているクリエイターは少ないです。ただしモノクロは怖い印象も与えますので、アイドルなど親近感が重要なクリエイターには向かないでしょう。

・**イラスト**

アイコンがイラストになっているクリエイターも少ないので、差別化に大きく寄与すると思います。

・**リングをつける**

リングをつけるだけでアカウントが目立ちますし、高級感が出ます。画像に無料でリングをつけられる、次のようなサイトを活用するのもおすすめです。

LinkRingme（リンクリングミー）
https://linkring.jp/

続いて、悪いアイコンの例をご紹介します。

・**アイコンを設定しない**

当然論外です。

・**動物のアイコン**

猫の動画を配信する等、動物系のアカウントであればOKです。しかし、そうでない場合に意味もなくペットをアイコンにするのはやめましょう。そのペットに愛着があるのは「あなただけ」なので、他の人が共感することはありません。

・**友達と写っている写真**

シンプルに、どちらがあなたかわかりづらいです。

・**暗い画像**

画像から伝わる印象は大きいので、暗い画像は暗い人という印象を与えてしまいます。

②自己紹介文

プロフィールの文章は割とセンスが必要になる領域なのですが、ここではスタンダードなプロフィール文に組み込んだ方がよい要素について紹介します。

・**出身／年齢**

特に地方出身の方は出身地を開示すると、ファン化が進みやすい傾向があります。当然ですが、**地元が同じだと、普通のインフルエンサーよりも応援したくなります**。就活でも、面接官と出身地が同じで仲よくなれたといった話があります。こうした、誰も敵に回すことなく、一部の熱狂的なファンを生み出すことのできる共通点を記載するのは有効な方法です。

・**想い／目標**

人から応援され続けるのは、挫折と成功、未来への期待がある人物だと僕は考えています。僕自身、もともと大学院終了後にＴＨＥ安定職である大学職員を辞め、真逆のＩＴ系営業に転職。ここでしっかりと挫折を経験。そこから「好きを仕事に」するために、当時ダンスアプリとして認知されていたTikTokにビジネスジャンルで参入しました。つまり、今の時代を象徴する「安定職」を捨てて、ゼロから挑戦し、一定の成果を上げ、そして未来への伏線を張ってきたのです。これが、僕がZ世代に評価される理由です。

ちなみに、漫画のワンピースやドラゴンボールなど、今までヒットしてきた作品には、おおよそ「人の成長」という要素が組み込まれています。つまり、**人がもっとも共感するエンタメは「成長」**なんです。だからこそ、**活動の背景や想い、目標を記載すること**が重要です。

・**実績**

資格や数字など、客観的に見て「すごい」と理解できる形式で実績を記載するとよいです。例えば○○株式会社の代表、元○○会社にて営業成績日本一、TOEIC900点、銀行員20年、慶應義塾大学卒業、今までに関わったお客様の数1000人などです。僕のプロフィールにも、「ビジネス系TikToker日本一」「24時間でFw

さん10万人突破」のように、実績としての数字を明記しています。

▲筆者の自己紹介文。実績としての数字を明記している

③アカウント名

アカウント名は、大きく分けると3種類の設定方法があります。

1つ目は、「顔面土砂崩れ」さん、「プロおごられやー」さんのように、インパクトのあるアカウント名にするパターンです。こうした特徴的なアカウント名は、ユーザーに活動内容も含めて覚えてもらいやすいので最強です。ただしセンスが必要になるため、自信がない場合は、次の2つ目か3つ目の方法をとるとよいでしょう。

2つ目は、シンプルに「名前」のみのアカウント名です。The TikToker系のアカウントや、女優さん、YouTuberなど、発信ジャンルが明確ではない人、もともと認知度がある人は、この形式でもよいでしょう。

3つ目は、「発信ジャンル×名前」のアカウント名です。例えば「ガリレオ🔥News解説」のようなイメージです。特に、**TikTokを開始したばかりでフォロワーが少ない時期は、名前よりもジャンル名を押し出すことが重要**です。

ユーザー視点で考えると、ユーザーがアカウント名を最初に目にするのは動画の概要欄です。この部分でユーザーがアカウント名に記載されている**ジャンルを読んで興味を持ってくれれば、プロフィールに遷移してくれる**確率が上がります。この時、ジャンル名と名前の間に絵文字や記号を記載して区切るのがおすすめです。

その他、**アカウント名には難読漢字や英語は使用しない**方がよいでしょう。人間というのは、名前を覚えたものに愛着が湧きやすい生き物です。アカウント名が読みづらいと、それだけで自分には関係がないという印象を与えてしまいます。

以上が、フォロワー数を増やすためのプロフィールの書き方になります。ちなみに、TikTokのプロフィールは中央揃えで表示されるので、できるだけ各行の文字数は揃えて記載する方がよいでしょう。僕の場合は自己紹介文にチェックマークを使用し、読んだ瞬間、パッと内容を理解できるような工夫を施しています。

▼他のSNSへは誘導しない

なお、プロフィールを記載する上で注意してほしいことが1つあります。それは、**他のSNSへの誘導はしない方がよい**ということです。たまに、自己紹介文に自分のInstagramアカウントなどへの誘導をされている方がいますが、やめた方がよいでしょう。考えてみれば当たり前のことですが、他のSNSへの誘導は広告と同じです。プロフィールに広告があることで、あなたのことを好きになる確率が下がり、フォロー率が下がります。

どうしても他のSNSへ誘導したいのであれば、最低でもTikTokのフォロワー数が1万人に達した時点で誘導するようにしましょう。フォロワーが少ない時に記載しても見る人の数がそもそも少ないですし、フォロー率が下がる結果、アカウントの伸びにもマイナスです。

6. フォロー率を上げるために動画をピン留めする

この章の最後に、プロフィールを見にきたユーザーにアピールを行い、フォローしてもらうために有効な動画のピン留めについてご紹介します。TikTokには、プロフィールの上部に動画を3本まで固定する機能が実装されています。ここに**固定する動画は、バズリを狙うものではなく、プロフィールを見にきたユーザーに見てもらい、フォローしてもらうことを目的**としたものになります。

TikTokの攻略において、自己紹介や個人的な考えについて述べた動画は、基本的にはバズりません。ですが、あなたがビジネスで集客をしたい場合、訪れたユーザーにあなたのことを知ってもらい、「この人のアカウントをフォローしたい」と思ってもらう必要があります。その対策としておすすめなのが、トップに動画を固定する方法なのです。

僕のアカウントでは、「TikTok社さんから呼んでいただいてアルゴリズムの講演を行った際の動画」や「もっとも再生数が伸びた動画」をトップに固定しています。前者は、TikTok社さんから声がかかり、講演をするほどのインフルエンサーであることをユーザーに認知してもらうため。後者は、もっとも再生数が伸びている動画を出すことで権威（多くの人が評価している証）を発揮できると考え、トップに固定しています。

また、フォロー率を上げるという目的で、僕はバズらなかった動画は非公開にしています。その理由は、**バズらなかった動画を消した方が、信頼を得られるから**です。プロフィールを見にきたユーザーがあなたをフォローするかしないかを判断する基準は、自己紹介文、動画の再生数、動画の内容の3つになるかと思います。当然ですが、再生数が伸びている動画が多く、伸びていない動画は少ない方が、人気のクリエイターだと思われ、フォロー率がアップするはずです。

またバズらなかった動画を消すことで、あなたを応援しても大丈夫だという安心感を与えることができます。人は、他人がどう評価しているかを気にする生き物です。わかりやすい話で、Amazonランキング1位の商品って、他の商品よりも買いたくなると思います。つまり、すでに売れている商品だから、自分がその商品を買っても大丈夫だ、という話です。これはインフルエンサーに対しても同じことで、**応援しているインフルエンサーの再生数が伸び悩むと、ファンは心配になってしまいます。**だから、**視界に映り込む情報を制限した上で、応援する理由を作ってあげる**ことが大事なのです。

▲フォローしてもらうための動画をトップにピン留めする

COLUMN

他SNSのコンセプトはTikTokでも通用する

人が評価するコンテンツは、テレビ番組であれ、YouTubeであれ、Instagramであれ、基本的には変わらないと思います。もちろん各媒体の年齢層やその他の特性は異なるため、他媒体でウケている設計が一律にTikTokでもウケるとは言い切れませんが、その傾向があるのは事実だと思います。

例えば僕は、TikTok=ダンスアプリと言われていた時代に、教育ジャンルで参入しました。なぜ教育ジャンルだったのか？　この背景には、YouTubeで教育コンテンツを普及させた、中田敦彦さんやマコなり社長さんを僕自身が大変尊敬していることが関わっています。この2人の先駆者によって、動画プラットフォーム上に教育コンテンツへの需要があることはすでに証明されていました。そこで僕は、TikTokにおいても同様に教育ジャンルへの需要があると考え、現在のスタイルでの発信を始めたのです。

僕以外の事例をいくつか挙げると理解しやすいと思うのですが、例えばYouTubeには、「令和の虎」という一般人起業家が事業計画をプレゼンテーションし、投資家である審査員が出資の可否を決定するといった趣旨のチャンネルが存在しています。そして、これの元ネタになったのが、以前日本テレビで放送されていた番組「マネーの虎」だと考えています（公式見解ではなく、あくまでも僕の考察の範囲になります）。

その他にも、YouTuberのジュキヤさんは街中でインタビュー企画をしているインフルエンサーなのですが、彼のコンテンツのもとになった企画は、日本テレビの番組「月曜から夜ふかし」ではないかと考えています（こちらも公式見解ではなく、あくまでも僕の考察の範囲になりますのでご了承ください）。

このように、**人が面白いと感じるコンテンツは、時代が変わっても大きく変わることはありません。ですから、他のSNSやテレビなどで伸びた設計をTikTokに最適化する形式に置き換えてアカウントの設計に組み込む**ことで、目的を達成できる可能性が高くなるのです。

まとめ

- ✔動画投稿前に目的から逆算してアカウントを設計をするべき
- ✔3つのステップでアカウントのコンセプトを見つける
- ✔ブルーオーシャンは基本的には勘違い
- ✔ポジショニングマップで差別化を図る
- ✔差別化のためにキャラを確立する
- ✔プロフィールの作り込みによってフォロー率が変化する
- ✔他のSNSで伸びた企画はTikTokでもバズりやすい

第4章

TikTokの「アルゴリズム」を理解する

1. アルゴリズムを理解して最速でバズる

ご存知だと思いますが、TikTokのレコメンドタブには「おすすめ欄」と「フォロー中欄」という2つのボタンがあります。

おすすめ欄はその名の通り、TikTokのシステムが、あなたの趣味嗜好を分析して最適な動画をおすすめしてくれる機能です。ちなみにこれをレコメンド機能と呼ぶのですが、**YouTubeやInstagramのそれと比較して、TikTokは圧倒的に精度の高いレコメンドをすることが可能**です。

一方の「フォロー中欄」というのは、フォローしているTikTokerの動画だけが流れてくる仕様なのですが、ほとんどのユーザーは「おすすめ欄」を見るため、あまり気にしなくてよい機能です。

本章では、TikTokのおすすめ欄では、どのような動画の露出量が増えるのか（バズるのか）？ 俗に言うTikTokのアルゴリズムについて解説していきます。ちなみにここで記載する内容は、TikTok社の公式見解ではなく、過去250以上のアカウントにコンサルする中で導き出した、僕独自の見解です。

ちなみに、67ページでもお話ししたように、僕がTikTok運用で大事にしているのがwin-win-winという考え方です。それは、

①フォロワーさん
②クリエイター（自分自身）
③TikTok社

この3者にとってメリットのある行動を取り続けるということです。一般のクリエイターさんは①と②ばかりに目が行くのですが、TikTok社というプラットフォーム無くして発信はできません。そういう意味で本書では、TikTokのアルゴリズムに

関する記載まで踏み込みますが、この情報はTikTokの運用を行う中で独自に得られた知見であり、表に出してはならないと考えられる情報の記載は行いません（この本は暴露本ではありませんので）。

また、SNS運用の最大の本質は、アルゴリズムなどの「ノウハウ」ではなく、「試行錯誤すること（PDCA）」だと考えています。とはいえ「試行錯誤しましょう」では書籍として機能しませんし、最短経路で成功するためにはノウハウは重要とも考えています。

こうした背景を踏まえて、本書ではTikTokのアルゴリズムハック的視点による解説ではなく、ガリレオのフィルターを通して、普遍性が高いと考えられるアルゴリズムの解説をさせていただきます。なおPDCAについて、詳しくは第8章で解説しています。こちらも必ず読んでおいてください。

2. 動画投稿からバズるまでの流れ

TikTokにアップした動画は、具体的にどのような流れに沿ってユーザーに拡散されていくのでしょうか？　これはTikTokに限った話ではないのですが、基本的にSNSというのは、**最初は興味があるユーザーへおすすめされ、そこでユーザーからの評価がよかった場合に、より多くのユーザーへと拡散が行われていきます。**

TikTokの場合、まずはフォロワー、#タグ、メンション、高エンゲージを出すユーザーなど、関連度が高いとされるユーザーへリーチされます。ここでの動画のエンゲージが高かった場合、例えばそのジャンルに興味があるユーザーのように、フォロワーから少し遠い（関心度が少し低い）アカウントまでリーチします。そして、ここでの動画に対するエンゲージも高かった場合は、さらに関心度が低いユーザーにリーチします。これを繰り返していくことによって、最終的には数百万再生など、

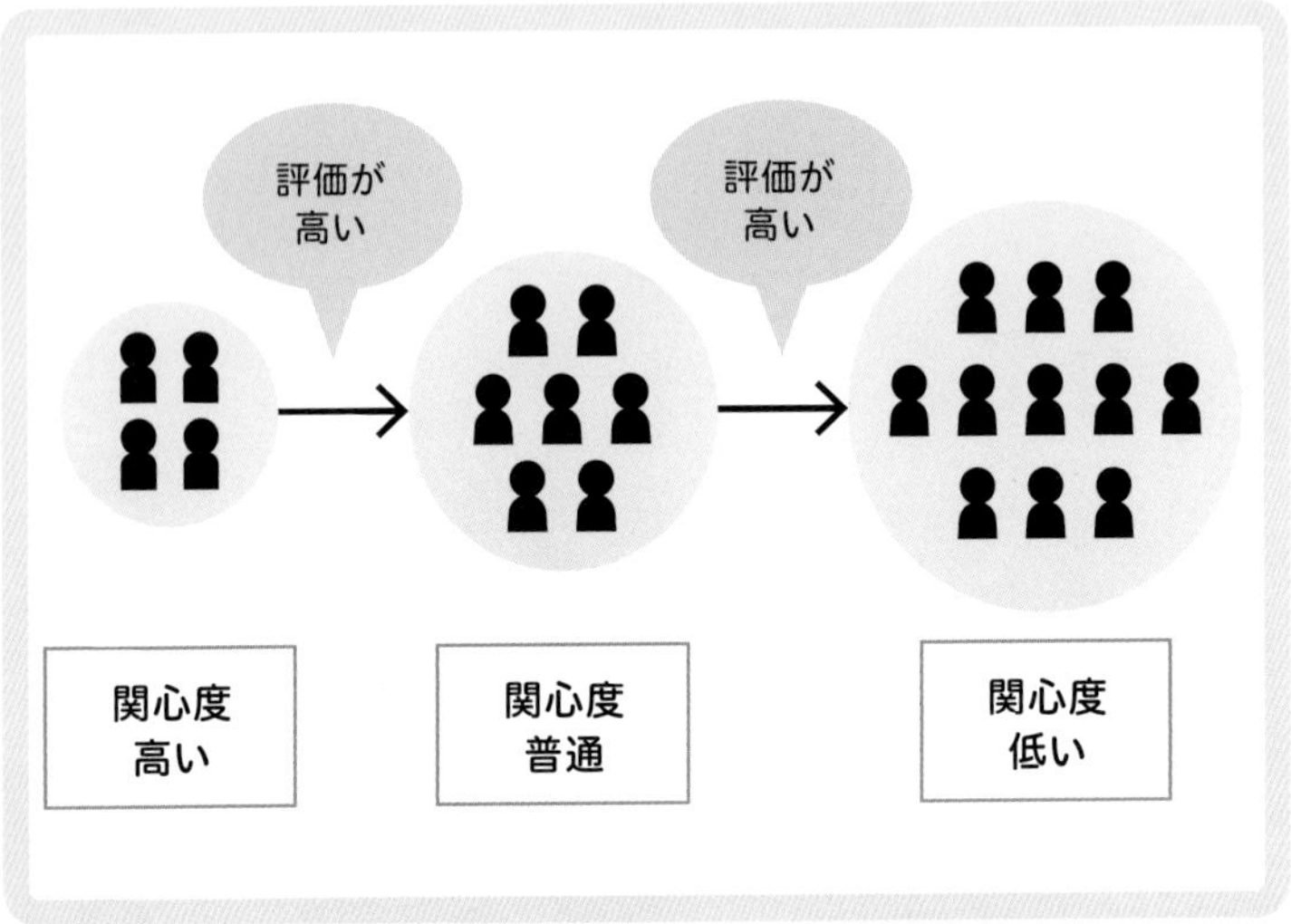

▲TikTokでバズるまでの流れ

より多くのユーザーへと動画が拡散していくことになります。

このようにTikTokでは、評価が高い動画ほど多くのユーザーに拡散され、再生数が増えていきます。それでは、この「評価が高い動画」という時の「評価」とは、具体的にどのような指標によって表されるのでしょうか？　例えば僕は、コンサル生から「いいね率が高いのに、この動画が伸びません」といった質問をいただくことがあります。もちろん**いいね率も1つの指標ではあるのですが、正直なところ重要な指標ではありません**。

ここでは、TikTokの再生数に関連していると考えられる指標を紹介します。大枠、以下の8つの要素に集約されるのではないかと思います。

①平均視聴時間

対象動画をユーザーが平均何秒視聴したかの指標です。動画が長ければ長いほど、高い数値を取りやすい指標です。

②視聴完了率

対象動画を最後まで視聴したユーザーの割合です。フル視聴率と呼ばれることもあります。動画が短ければ短いほど、高い数値を取りやすい指標です。極端な例ですが、1分の動画なら30%のユーザーを最後まで残すのは難しいと思います。一方で5秒の動画であれば、30%のユーザーに最後まで動画を見せるのは簡単ですよね。

③いいね率

再生数に対して、「いいね」を押したユーザーの割合です。

▼④コメント率

再生数に対して、「コメント」を残したユーザーの割合です。

▼⑤シェア率

再生数に対して、「シェア」、つまり他SNSでの拡散をしたユーザーの割合です。

▼⑥保存率

再生数に対して、「保存」を押したユーザーの割合です。

▼⑦フォロー率

再生数に対して、「フォロー」を押したユーザーの割合です。

▼⑧アカウント全体の滞在時間

ある動画を視聴したのちに、プロフィールを閲覧したり、他の動画を視聴したりと、ユーザーが行動を起こした場合の、アカウント全体での滞在時間のことです。

ここまでが、TikTokのアルゴリズムに関わる8つの指標になります。そして、この中で特に重要な指標が

①平均視聴時間

②視聴完了率

の2つになります。つまり、視聴時間関係の指標がもっとも重要であるということです。

一方の③〜⑧は、重要ではないこともないのですが、その時々のアルゴリズムによってその重み付けが大きく変わります。例えば、シェアがアルゴリズムの評価として重要だった時期が過去にあるのですが、この時期には「リンクコピー」をユーザーに誘導または依頼するだけで、100万再生が連発していました。ですが、こうした視聴時間以外の評価指標は、その時々で重要度が変化する指標ですし、こうした指標をハックして伸びてしまったアカウントというのは、アカウントのフォロ

ワー数に対して運用者のＳＮＳ運用能力が追いついていない状態のため、アルゴリズムが変わってしまうと動画の再生数が伸びなくなることが往々にして起きています。

僕は２０２０年7月からTikTokのコンサルをやっているのですが、その時から「小手先のアルゴリズムをハックするな」と言い続けています。そして、僕以上に長期的に再生数を出し続けているビジネスジャンルのTikTokerが存在していないことも、その判断が正しかったことを証明していると思います。

ここまでの話を聞いて、読者の方には1つの疑問が浮かぶと思います。それは、①と②の視聴時間に関するアルゴリズムを追うことはＯＫであり、なぜ③〜⑧の指標を追うことは小手先のアルゴリズムハックと考えるのか？　という部分だと思います。この問いに対する結論を先にお伝えすると、①と②の視聴時間に関する指標というのは、TikTokが中長期的に考えて重要度を下げることができない要素だからです。というのも、**TikTok社にとっての競合というのは、可処分時間の奪い合いと**

いう意味でInstagramやYouTubeになります。もっと言うと、**テレビや新聞も広義では競合**になります。こうしたメディアにTikTokが立ち向かうためには、必然的に、**視聴者を長くTikTokに止めてくれるクリエイターやその動画を優遇しなければならない**のです。ですから、TikTokのアルゴリズムにおいて、視聴時間の重要度が極端に下がることは考え難いというわけです。

余談ですが、InstagramやYouTubeのアルゴリズムにおいても、コンテンツへの滞在時間は重要な指標となっています。もちろん、それぞれのSNSによってアルゴリズムを構成する指標には多少の違いはありますが、裏を返せば彼らの競合プラットフォームの1つはTikTokですから、コンテンツへの滞在時間を評価から外すことは考え難いということなのです。

その他、繰り返しになりますが、InstagramとYouTubeがTikTokと異なり重要度が高いとされるのはフォロワー数で、逆に**フォロワー数がほとんど再生数に寄与しないのがTikTok**の特徴です。

3. アルゴリズムの7割は視聴時間

僕の肌感覚では、アルゴリズムの7割は視聴時間です。前述したように、平均視聴時間と視聴完了率は、TikTokでバズるための最重要指標だと思います。これをわかりやすく可視化したグラフがあるので、次ページをご覧ください。

これは、横軸に僕の動画の再生数、縦軸に平均視聴時間と視聴完了率の積をプロットしたグラフです。このグラフから見て取れるように、**再生数と平均視聴時間と視聴完了率の積は、外れ値はあるものの相関関係にある**のです。ちなみに、この外れ値の部分に、前述した「いいね」や「コメント」「シェア」「保存」「フォロー」などの指標が関わってくるものと推測されます。また、縦軸に再生数、横軸に「いいね」や「コメント」「シェア」をプロットしたグラフも作成しているのですが、これらに相関関係は認められませんでした。

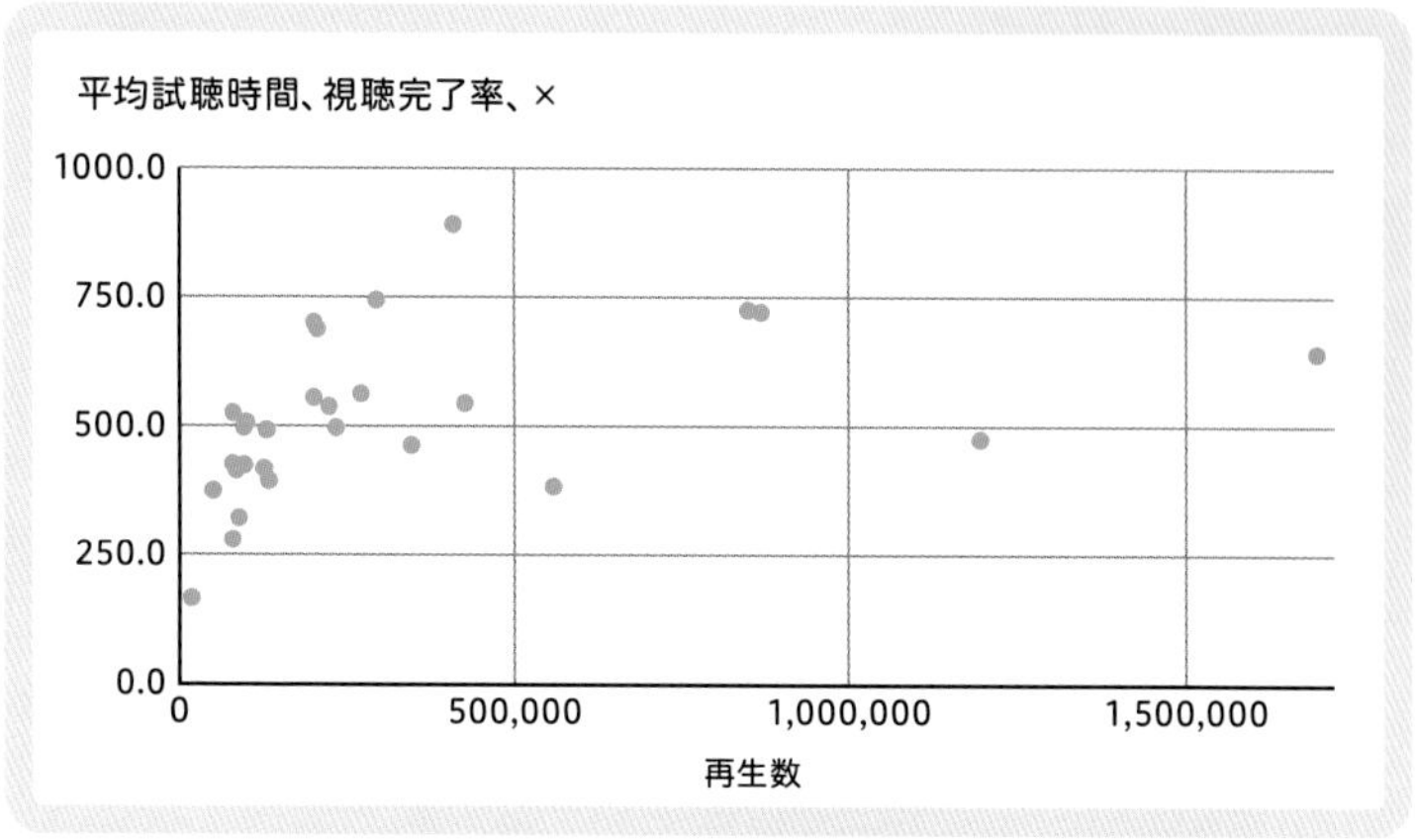

▲再生数と平均視聴時間と視聴完了率の積は相関傾向にある

ここでは、ザックリと「アルゴリズムの7割が視聴時間」とさせていただいたのですが、この7割という数値はあくまでも僕の肌感覚的なものです。実際には6割かもしれませんし、8割かもしれません。重要なことは、視聴時間という指標がTikTokでは圧倒的に重要視されているという話です。

また誤解を生まないように補足しますが、「いいね」や「コメント」「シェア」「保存」「フォロー」「アカウントの滞在時間」などの指標は、最重要な指標ではないものの、逆に言うと3割程度は評価に影響するということです。ですから、視聴時間以外の指標が無意味ということではありません。

ここで、「いいね」や「コメント」「シェア」「保存」「フォロー」「アカウントの滞在時間」（動画の視聴時間ではなくプロフィールなどを見ている時間のこと）の中で、重要度に順位付けをするとすれば、次ページの図のようになると思います。

このうちの「アカウントの滞在時間」に関しては、インサイトのデータから確認できない指標であるため、僕の肌感覚での話になってしまいます。それでも重要だと考えるのには、根拠があります。というのも、2021年後半から、TikTokでは「プロフィールトップへの動画の固定機能」「動画のフォルダ分け機能」「フォルダを動画に貼る機能」「24時間で消えるストーリー機能」といった、1クリエイターあたりの滞在時間を拡大するような機能を数多く実装しています。前述したように、TikTokの競合はInstagramなどの他SNSです。ですから、TikTokのユーザーをできるだけ長くプラットフォームに止めたく、そのためにさまざまな機能を実装し、それを評価指標に組み込むのは、当然の話だと思います。そして、これらの機能の実装によって伸びることが予想される「アカウントの滞在時間」は、重要な指標であることが想定されるのです。

▲視聴時間以外の指標の重要度

また「フォロー」が重要であるという考えの根拠としては、**TikTokではフォロワーが少ない（発信ジャンルの市場規模にもよるがフォロワー10万人以下が目安）クリエイターの方が再生数の上限値が高く、伸びやすい傾向にあるからです**（厳密には、フォロワーが多い方が最低保証の再生回数は大きくなりますが、動画がバズった時の再生数の上限値はフォロワーが少ないクリエイターの方が大きくなる傾向にあります）。フォロワー数が多くなると、自ずとフォロワー数はそれ以上に増えづらくなります。その結果、フォロワーが多い人に比べてフォロワーが少ない人の方がフォロー率が高くなり、そのことが再生数の伸びにつながっているのでは、という推測です。

また「コメント」が重要な理由としては、シンプルなコメント数という指標の他に、「コメントを書いている時間」や「他の人が書いたコメントを読んでいる時間」が再生時間に寄与するためです。つまり、コメント率の高い動画は、結果的に平均視聴時間・視聴完了率を高めることになるので、他の指標よりも重要度が高いということです。

ここまでの話を簡単にまとめます。TikTokのアルゴリズムでは、7割が視聴時間関連の指標、そして残りの3割が「いいね」や「コメント」「シェア」「保存」「フォロー」「アカウントの滞在時間」などによって構成されていると考えています。

僕が特に、視聴時間関連の指標を重視するように伝えているのは、繰り返しになりますが、この指標は、TikTokの競合がInstagramなどのSNSである限り、普遍的な指標にせざるをえないからです。逆に言うと、**残り3割の指標も重要であることに変わりはないのですが、時代の変化に応じて重要度は入れ替わる可能性が高く、これらの指標にコミットしすぎるのはTikTok攻略の本質ではないと考えています。**

4. 長尺動画と短尺動画はどちらがバズるか？

ここまで、「アルゴリズムの7割が視聴時間である」というお話をしてきました。そう考えると、「TikTok攻略なんて、簡単じゃん！」と言いたくなると思います。ですが、この「視聴時間」の攻略というのは、そんなに甘い話ではないのです。

というのも、前述したように視聴時間という指標は、①平均視聴時間と②視聴完了率の2つに分けて考えられます。**平均視聴時間**は、ユーザーが対象動画を平均何秒視聴したかを示す指標です。当然ですが、**これは動画が長ければ長いほど、高い数値を取りやすい指標**です。

一方で、**視聴完了率**は、対象動画を最後まで視聴したユーザーの割合を示す指標です。これは**動画が短ければ短いほど、高い数値を取りやすい指標**です。前述のよ

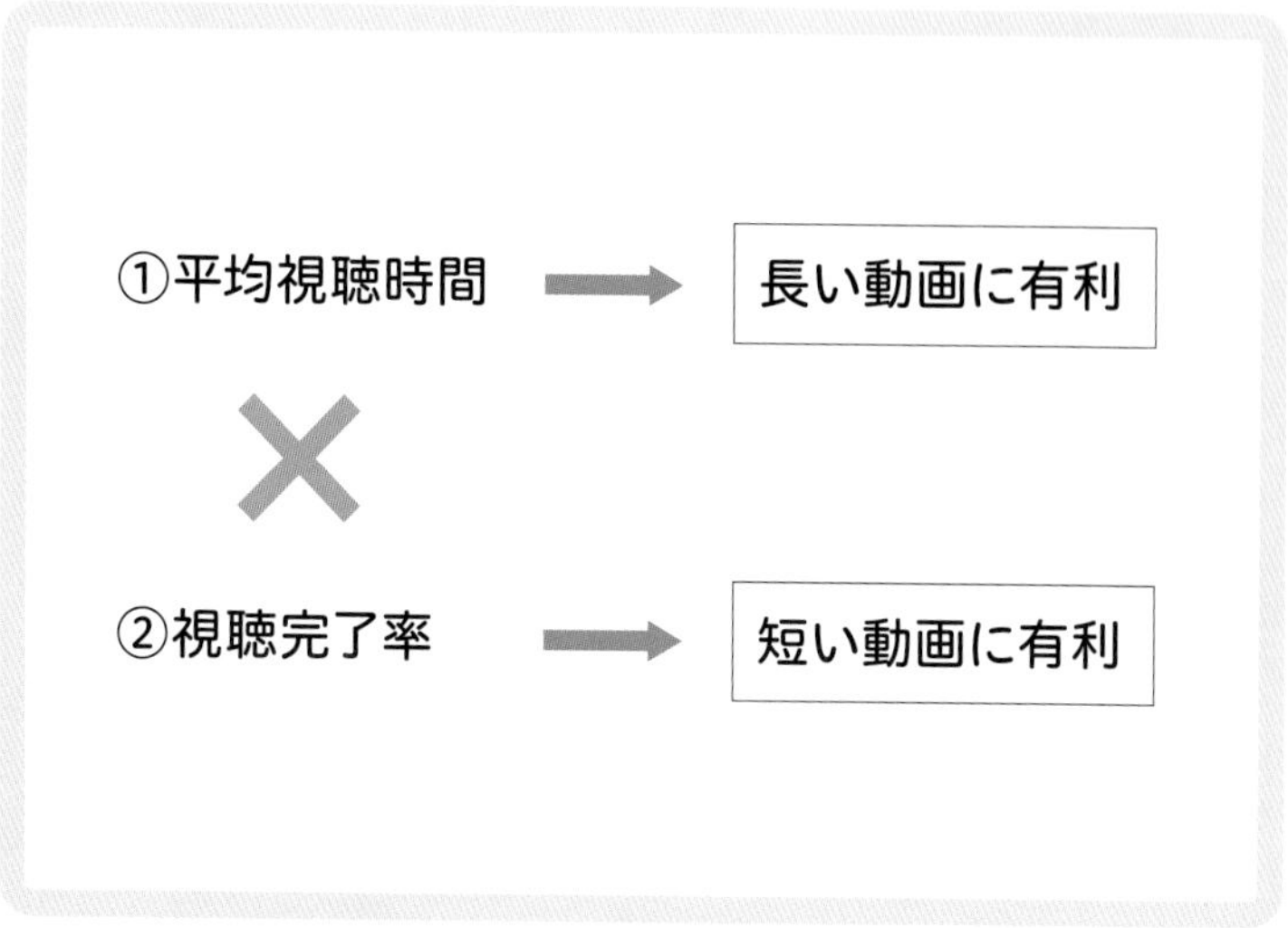

うに、1分の動画なら最後まで30％のユーザーを残すのは難しいと思います。一方で5秒の動画であれば、30％のユーザーに最後まで動画を見せるのは簡単です。

勘のよい方は、ここでTikTokアルゴリズム攻略の難しさを理解されたと思います。**平均視聴時間と視聴完了率という2つの指標は、一方は長い動画に有利な指標で、もう一方が短い動画に有利な指標となっているのです。そして、この相反する評価項目の積が重要になることが、TikTok攻略を難化**させているのです。

ここまでの話を踏まえて、TikTokにおいて理論上最強な動画を言語化してみると、

ユーザーの離脱率を最小限に留めた長編動画

という話になります。ただし、もし離脱率を下げることができないのであれば、15～20秒程度の離脱地点そのものが少ない短編動画で勝負する方が、結果的によい動画と評価されるということになります。ですから、視聴者を常に飽きさせないような離脱の少ない動画が作れるのであれば長編動画、できないのであれば短編動画が最適解という話になります。

ちなみに前述したように、TikTokはもともと15秒以下の動画を投稿できる短尺アプリでしたが、それが1分、3分、5分、10分と、徐々に動画の秒数の上限が緩和されています。こうした背景から、TikTokは短尺動画アプリではなく、縦型動画市場のシェアを獲得したいということが読み取れますので、長期的に見ると長い動画を作れるクリエイターが優遇される傾向だと考えられます。

5. ガイドラインを理解しBANを避ける

2022年3月、TikTokのガイドラインに2年ぶりのアップデートが行われました。2021年末にはFacebook社（現メタ）が、Instagramが青少年の健康に被害をもたらすという情報を公開していなかったことがリークされ、世界中で青少年のSNS使用に関する問題意識が高まりました。こうした事態を受け、TikTok社も先手を打ってガイドラインを更新したと考えられ、いくつかの要素が厳格化されています。TikTokのガイドラインは膨大な量になるため、ここでは一定数以上の読者の方にとって必要とされる項目のみ、端的に解説いたします。

なお当然のことですが、ガイドラインは多くの物事に対応できるように抽象度が高めに記載されている要素があると考えています。本項のガイドラインの解説は私の視点での要約であり、TikTok社の考えと多少の相違が生じる可能性があります。

詳細は、ガイドラインの原本をご確認ください。

①総括

- 動画だけでなくコメントやテキストを含めて、ガイドライン違反の対象になりうる
- 一部の動画に対しては、適切な情報へのラベルをつけたり、動画をおすすめフィードで推奨しない措置を行う

②未成年関連

- 13歳未満の動画は積極的に削除される
- 16歳未満のアカウントは、DMを使えず、ライブのホストになれない。コンテンツもおすすめに表示されない
- 18歳未満はギフティングの送受信ができない
- ヌードや児童虐待、未成年者の性目的化はNG
- DM誘導（未成年と成人間、年齢差が大きい未成年間にて性的接触を求めるコンテンツ）
- 性的部位の露出

・未成年者の胸をゆする行為、腰を突き出すなどの行為
・未成年者のヌードや性行為を暗示するコメント、文字、テキスト、その他グラフィック
・未成年者のアルコール飲酒、タバコ

③危険なチャレンジ

・必要なスキルや安全対策のない専門家ではない人が行う危険行為はＮＧ

④摂食障害

・健康に悪影響を及ぼす可能性のある不健康な生活習慣を促すコンテンツ

⑤いじめとハラスメント

・個人に対する侮辱や脅迫などの禁止（公益上の問題において議論を可能にするため公人に対する批判やコメントは許可される場合がある）
・個人に対する嫌がらせ要素を含む動画はＮＧ（TikTokのデュエット機能を使用して他アカウントを批判すること、ユーザーのコメントへの返信動画で個人を攻撃する

ことなど）

・個人情報を晒す行為（メールアドレスや住所、電話番号）

⑥スパムや偽のエンゲージ

・いいねやシェア、コメントを増やす方法についての説明、共有

・なりすましアカウントはＮＧ（ただし、パロディーは説明があればＯＫ）

⑦有害な誤情報

・公共に深刻な害（重症・病気・死亡・精神的外傷・政府・選挙などへの国民の信頼の低下）を及ぼすような誤情報

・パニックを誘発する緊急事態に関する誤情報

・投資系の怪しい詐欺

⑧おすすめフィードに非推奨なコンテンツ

- 16歳未満がアップロードした動画
- 未成年への美容整形の推奨（自分自身に対する身体的な不安が高まる、ビフォーアフターや外科手術の動画、リスクの警告がない選択的美容手術について議論するメッセージ）は18歳未満には不適切
- 過度に性的なコンテンツ
- 専門家以外が行う危険行為
- タバコやアルコール
- 残酷な傷などの特殊メイク
- 過度のドッキリ
- 視聴者に不快感やショックを与えるもの
- 他者の切り抜き動画（自身のYouTubeチャンネルの切り抜きはＯＫ。TikTokはオリジナルコンテンツを推奨する）
- 低画質の動画
- ＱＲコードの表示は不可

こうしたガイドラインによる規制に対して、時々不平を言い出す方もいるのですが、それはTikTok社のことを考えていない行動だと僕は思います。

前述したように、僕が発信活動をする際に重要であると考えているのは、フォロワーさん、クリエイター自身、そして活動の場を提供してくださるTikTok社さんがwin-win-winの関係になることだと思っています。どんなメディアであっても、普及に伴って規制は厳しくなっていくものです。それに対して批判をするのはTikTok社のことを考えていないですし、そもそも合理的ではないと思うのです。ですから、シンプルにガイドラインは守るようにしましょう！

ということで、**TikTokで動画をバズらせるためには、視聴離脱率の低い動画（平均視聴時間・視聴完了率が高い）を作ることが最重要で、それ以外の要素としては、「いいね」「コメント」「シェア」「保存」「フォロー」といった指標が加味されているという**話でした。もちろん、上記を満たす動画でも、ガイドラインを遵守しないような動画は基本的にはバズりませんので、ご注意ください。

COLUMN

TikTokにおけるフォロワーの意味

本書の中ではこれまで、「TikTokはフォロワー0人でもバズる」ということを強調して記載してきました。ただし、フォロワー数がなんの意味も持たないかと言うと、そういうわけではありません。本項では、TikTokにおけるフォロワー数の意味と重要性を解説します。

▼メリット1　最小限の視聴者にリーチできる

前述したように、TikTokはフォロワー0人でも数百万再生を出すことが、アルゴリズム上可能です。ただし、フォロワー数が多いアカウントの方が、当然ですが動画に対する評価の初速はフォロワーによって高められるため、最低限の再生数が付与されます。その他、TikTokにはフォロータブや友達タブが存在しており、フォロワーが多ければ多いほど、このタブへの掲載枠が増えていきます。

▼メリット2　フォロワー率が再生数に寄与する

TikTokでは「フォロワー0人でもバズる」というその特性から、毎月のように数百万再生を出す新星のTikTokerが誕生します。ですが、彼らのようなTikTokerは共通して、フォロワー数がそのジャンルの上限に達したあたりで再生数が鈍化します（TikTokではジャンルによってフォロワー数の上限があり、その上限を超えた時点でフォロー率の伸びは鈍化します）。このことから僕は、変数としては小さいものの、フォロー率が動画の再生数に寄与していると考えています。

▼メリット3　権威として機能する

本書をここまで読んでいただいた方は、「フォロワー数が多いだけではバズらない」ということを理解いただけていると思います。しかしバズるという考え方とは別に、フォロワー数が多いことによって受け取れるメリットが存在します。例えば「オリンピック金メダリスト」と聞けば、「この人すごい」ってなると思います。またAmazonランキング１位の商品と言われれば、その商品がよく見えると思います。こうした権威性という意味で、フォロワー数は意味を持つ指標であると言えます。

まとめ

- TikTokの再生数には8つの指標が関わっている
- アルゴリズムの7割は視聴時間関連の指標
- 「いいね」は再生数に思うほど影響しない
- 動画初心者は短尺動画がおすすめ
- 離脱率の少ない動画が作れるなら長尺がおすすめ
- TikTokのガイドラインは遵守する必要がある

第5章

TikTokでバズるための「最強の考え方」

1. ネタがダメならクオリティが高くてもバズらない

僕のコンサル生から、「TikTokの動画再生数が伸びないのはなぜでしょうか?」という相談をよく受けます。あなたの動画がバズらない理由は、1つだけではありません。動画の中には、ネタはよいものの構成がダメなパターンもありますし、どんなに構成が面白くてもネタがダメだからバズらないパターンもあります。本章では、動画のネタの探し方と、ネタが決まった後に、具体的にどのような構成で動画を制作するべきなのかについて、解説をしていきます。

唐突ですが、「かっこいい名刺を3分で作れる動画」と聞いて、その動画を見たくなる人はそこまで多くないのではないかと思います。というのも、「かっこいい名刺を3分で作れるサイト」は、直近または近い将来、名刺を作りたいと思っている人にしか刺さらないからです。

そして、日本人の多くは会社員であり、会社員の多くは会社から発行される名刺を使います。ですから、名刺を自分で作ることはほとんどなく、名刺の作り方には需要が生まれづらいのです。つまり、「かっこいい名刺を3分で作れる動画」はニッチなので、そもそものネタの選定がよくないという話なのです。

一方で、「Wi-Fiの速度を高速にする設定」というタイトルの動画はどうでしょうか？ 現代社会でスマホは全国民が持つツールとなり、ほとんどの人がWi-Fiを使っているはずです。またスマホを使っていれば、必ずと言ってよいほど、「Wi-Fiが遅い」という課題を抱えていると考えられます。そのため、このネタはニッチではなく、マスであるということが言えると思います。

その他にも、「シミが消える方法」と聞いて、どうでしょうか？ おそらく、この本を手に取っている方々は、何かしらの事業をされている方もしくは企業のマーケティング担当者が多いと思うので、TikTokの平均年齢よりも年齢が上の方が多いのではないかと推測されます。ですから、「シミが消える方法」と聞いても、一定数興

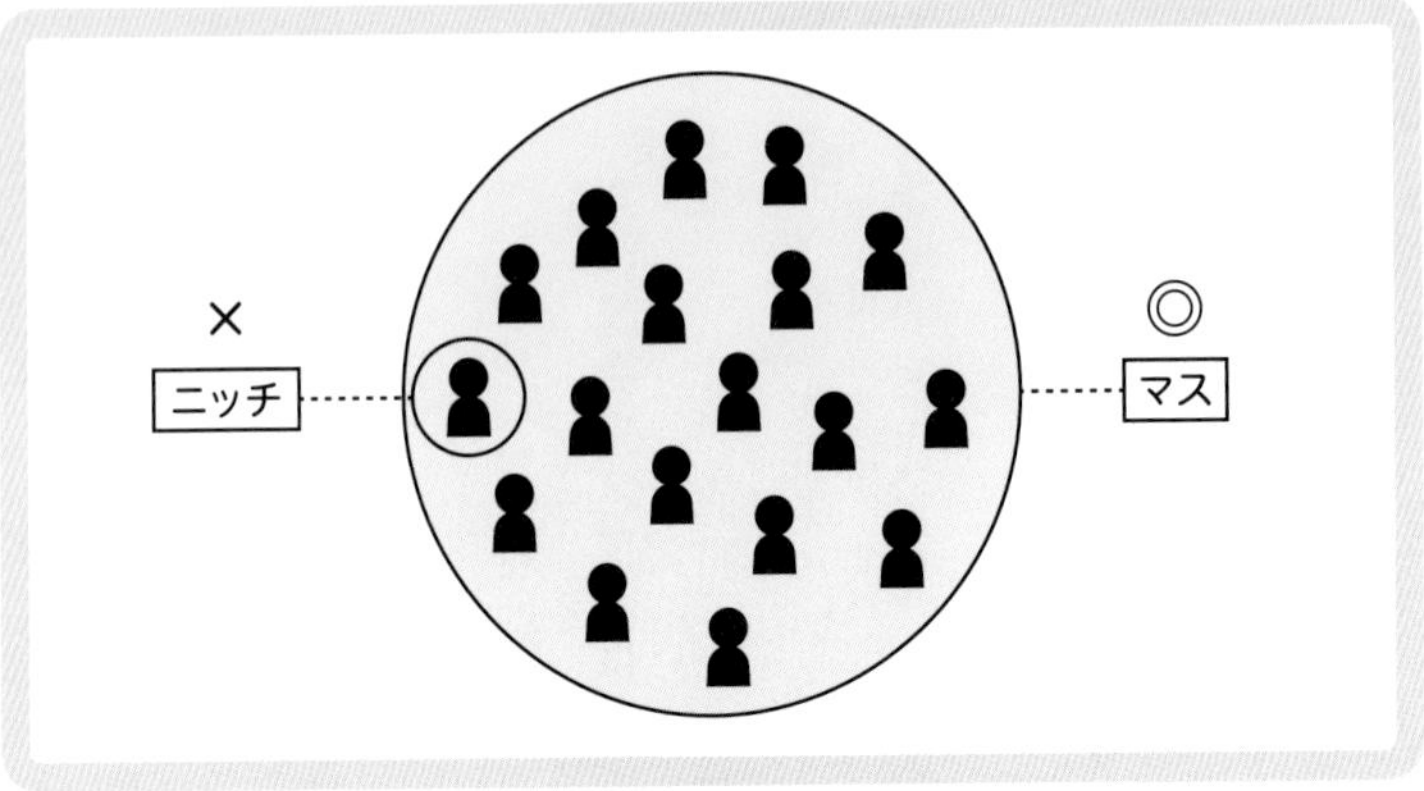

▲ニッチではなくマスとなるネタの方がバズりやすい

味を持つ方がいらっしゃるかなと思います。
ですが、ここで考えなければならないのは、TikTokのユーザー層から考えた時に「シミが消える方法」が刺さるか刺さらないか？　なのです。

すでに「TikTokユーザーの平均年齢は34歳」とお話ししたように、TikTokの平均年齢はどのSNSよりも若年になります。ですから、もし美肌に関する動画を出すのであれば、「ニキビ」や「毛穴」といった、若年層の肌の悩みに焦点を当てて動画を作成した方がよいのです。

TikTokで**動画のネタ探しをする際には、TikTokユーザーにとって、ニッチではなくマスとなるネタ**を見つけることが重要なのです。

2. バズるために重要なTTPという考え方

ＳＮＳでバズるために、もっとも重要な考え方の１つが「パクること」だと僕は思っています。「パクる」と聞くと、一般的に嫌悪感を抱く方が多いと思うのですが、そもそもパクること自体は悪いことではありません。広告業界では、ＴＴＰ（徹底的にパクる）という言葉が誕生するほど、よく用いられている考え方です。

そしてこれは非常に重要な話なのですが、**本書で記載する「パクる」というのは、著作権に触れることを行ってよいという意味ではありません**。「法令遵守の範囲内で、他社のコンテンツのよい部分をパクリましょう」という意味合いになります。重要なことですのでもう一度言いますが、後述する内容は著作権違反などの法令違反を促進するものではございませんので、ご注意ください。

その上で本題なのですが、そもそも世の中でうまくいっているビジネスは、基本的に何かしらのパクリ要素を含んでいます。わかりやすい例で言うと、海外でうまくいっているビジネスを国内に持ってくるようなイメージです。例えば最近増えているクラウドファンディングのプラットフォームも、これは2000年代にアメリカで始まったビジネスモデルを持ってきて、日本で展開したものです。このように世の中に普及しているビジネスの多くは、どこかにパクリ要素を含むものであり、むしろそれらをどのように組み合わせたり、最適化するかが重要であるということなのです。そしてSNSにおいても、「パクる」ということはバズるために欠かせない考え方になるのです。

▼なぜ、TTPでバズるのか？

TTP（徹底的にパクる）を行うと、動画がバズる確率が劇的にUPします。それではなぜ、パクることがバズに直結するのでしょうか？　考えてみると当然かもしれませんが、結果的にバズったコンテンツというのは、ユーザーが評価したコンテンツであるということを意味しています。つまり、**バズっているコンテンツには、**

バズるだけの理由が組み込まれているということです。ですから、あなた自身がその動画がバズっている理由を言語化できなかったとしても、**バズっている動画の要素を自分の動画に組み込むだけで、動画がバズる確率はUPするのです**。

本書で言うTTPとは、前述したように著作権に触れるような考え方ではありません。大切なのは、バズっている動画の中から理由として考えられる要素を抽出し、それを自分のアカウントに取り込むということです。つまり、コンテンツ自体を真似るのではなく、音源や#などの投稿時の設定、声のトーンや速さ、テロップや動画のカットのタイミング、エフェクトなどの編集、動画の構成や企画といった要素を汲み取ってパクることが、ここで言うところのTTPになります。現に、僕、ガリレオのアカウントは、アカウントの設計をさまざまなTikTokerからのTTPによって作り上げてきました。ここでは、その中から3名のTikTokerに絞って解説をしていきます。

①ケンティー香水学校さん

動画編集に関しては、「ケンティー香水学校」さんの動画をTTPしました。ケンティーさんはその名の通り、香水に特化した情報を発信しているTikTokerです。2020年上半期時点で、教育系ジャンルのTikTokにおいて凝ったテロップを出している方は、ほとんどいなかった印象です。そんな中、ケンティーさんの動画は、声のタイミングに合わせて動きをつけたテロップが出てくる編集スタイルが特徴的でした。言葉では伝わりづらいので、よかったら動画を覗いてみてください。

・**柔軟剤のような香水**

当時、香水というニッチジャンルにも関わらず100万再生を連発していた理由の1つは「編集」だと考え、僕自身の動画にもテロップに動きをつけた編集を組み込みました。ビジネス系のTikTokerにおいて、動きのあるテロップを最初に始めたのはガリレオ的な見方をされることがあるんですが…実はTTPでした。

▼②美容メンタリストゆうやさん

動画の台本構成に関しては、「美容メンタリストゆうや」さんの動画をTTPしました。美容メンタリストゆうやさんはその名の通り、美容情報に特化した情報を発信しているTikTokerです。現在は1分以上の動画がTikTokで浸透しているのですが、僕がビジネスアカウントを始めた当初はTkTokの機能上、1分超の動画をアップすることができませんでした。こうした背景もあって、この時期のTikTokでは、肌感覚ではありますが9割近くの動画が30秒以下の動画尺だったと思います。

- **ある行動を変えるだけで超絶美肌になる方法！**

ですが、当時のTikTokでは数少ない30～60秒の動画尺でバズっていたのが、美容メンタリストゆうやさんでした。そこで僕は、彼の動画の再生回数TOP3の動画を台本に文字起こしし、ある共通点が存在することに気づきました。

それは、彼の動画はすべて「インパクトのあるタイトル↓動画を見るべき理由付け↓本題」の順序で構成されているということです。これを受けて僕自身もこのフォーマットに沿って動画を作成したところ、ビジネス系アカウント1動画目で900万再生を出すことに成功したのです。ビジネス系のTikTokerにおいて、長尺動画を最初に始めたのがガリレオ的な見方をされることがあるんですが…すみません、実はこれもTTPでした。

③仮メンタリストえるさん

ガリレオといえば、大袈裟なほどの手の動きが特徴の1つだと思うのですが、動画内の身振りに関しては「仮メンタリストえる」さんの動きをTTPしました。仮メンタリストえるさんは、僕の知る限りでは日本国内で一番最初にノウハウジャンルの動画でバズったTikTokerだと記憶しています。ちなみに2019年に活動を停止し、以降、動画投稿をしていない恋愛系のTikTokerです。

告白をしようか悩んでる人へ

文章では表現が難しいのですが、動画を見ていただくとわかるように、彼は話とともに、特徴的な手の動きをしています。TikTokのユーザーは、勉強のためにTikTokを開くわけではありません。そこで、何かしら変化をつけなければ視聴者に飽きられると考えた僕が行き着いたのが、「仮メンタリストえる」さん風の手の動きだったのです。

ここまでで、僕自身のＴＴＰの事例を紹介してきました。今となっては多くのTikTokerが当然のように行っていることですから、今このテクニックをＴＴＰしたとしても、それをきっかけにバズることはないでしょう。ただし、**うまくいっているクリエイターの要素を、自分の動画に組み込むことの重要性は伝わったのではないかと思います！**

3. 競合TikTokerから学びを得る

どんなTikTokerであっても、動画がバズるなど何かしらの結果を出していれば、少なからず学べることはあります。とはいえ、普段からダンスを踊ってる女性TikTokerから学びになる要素を抽出したとしても、そこには他ジャンルの発信者が生かせる情報はそれほど入っていないと思います。逆に、同じジャンルのダンスでバズりたい女性であれば、有益な情報になると思います。

つまり、**ＴＴＰの対象として最適なのは「競合の配信者」であり、自分の発信ジャンルとの関連度が低ければ低いほど、学びになる要素は少なくなるわけです**。また、競合TikTokerのＴＴＰをするメリットとして、そのTikTokerが長い時間をかけて行き着いた正解が、そのTikTokerのホーム画面にはたくさん埋まっているということがあるのです。ですので、僕からすると、競合TikTokerのホーム画面を覗く行為は、カンペを見ながらテストの問題を解いている状況に近いと思っています。

しかし、ここまでの情報ではＴＴＰのイメージができないという方も多いと思いますので、以下でＴＴＰの方法の一例を紹介していきます。例えば、あなたが英会話系のアカウントの発信を始めたいとします。この場合、TikTokには英会話系のアカウントが多数ありますので、例えば次のようなアカウントがＴＴＰの対象となるはずです。

- **Kevin's English Room**
- **StudyInネイティブ英会話**

・もえぴ英会話

・ぴーたーの大冒険

・MCTAKAのズボラ英会話

これらの動画に含まれる、構成やテロップの色、アニメーション、音源、声の抑揚や高さ、テンポ感、間の長さ、画角、髪型や服装など、そのアカウントが工夫していると思われるあらゆる要素のうち、自分のコンテンツに生かせる部分はすべて取り込むべきです。

また動画の企画についても、例えば英会話系のアカウントからTTPしようとした場合、英会話系で再生数が伸びている企画は「日本人とアメリカ人の違い」「海外の人が驚く日本人の行動」「発音が難しい単語」といった企画になります。そのため、こうした企画を自分のアカウントにあった形にアレンジし直して、動画を制作するのがおすすめです。もちろん、著作権に違反しない範囲でということは言うまでもありません。

ただし、例外的にTTPしてはダメな企画もあります。それは、「その人だから評価されている動画」です。ある程度のフォロワー数がついたTikTokerの場合、企画の威力が弱くても、TikToker自身のキャラや信頼によって動画が伸びることが多くあります。ですから、**その動画がそのTikTokerだからという理由でバズっているのか？　それとも企画力でバズっているのか？　についてはよくよく注意する**必要があるのです。

4. トレンドに沿った動画はバズる

第1章で解説したように、TikTokはトレンドと密接な関わりのあるSNSです。特にダンスや音楽、流行語などは、多くの場合、直接的もしくは間接的にTikTokの影響を受けて世の中に広がっていきます。裏を返せば、**TikTok攻略において重要な要素は、「トレンドを掴む」ということ**なのです。動画コンテンツを作成する際のトレンドの掴み方にはいくつかの方法があるのですが、その中でもっとも強力なのは、TikTokのトレンドに便乗することです。

TikTokでは、月に数本程度、TikTok独自の流行りコンテンツが生まれてきます。イメージとしては、「コンフィデンスマン」「足技みさらせや」「やりらふぃー」などです。前述したように、TikTokはレコメンド機能によって、ユーザーが視聴したい動画をおすすめするSNSです。ですから、何かしらのトレンド動画が流行っている時は、通常の動画よりもトレンドに関連する動画の数が多くなります。ですから、動画にトレンドを組み込めば、トレンド動画の関連枠にレコメンドされて、バズる確率が必然的に上がるということになります。

もちろん、同じことを考えてトレンドに関連する動画を投稿するユーザーも増えますので、一概に簡単とは言えません。また、何も考えずにトレンドのダンスを踊ってみたとしてもバズりませんので、ここでは動画コンテンツにトレンドを組み込むためのコツを解説していきます。ちなみにアカウントの規模に応じて、最適な方法は異なります。まずは、フォロワー10万人以上のアカウントの場合です。

▼フォロワー10万人以上のアカウント

フォロワー10万人以上のアカウントの場合は、選択肢が2つあります。まずフォロワー数が10万人以上いる場合は、すでにTikTok内で「○○の人」といった認知を獲得できている可能性が高いと思います。ですから、自分のコンテンツのよさを残したままトレンドを掛け合わせることを考えましょう。

例えば2021年1月に、「青森ナイチンゲール」というダンス動画が流行りました。この際に僕は、ダンスを踊るのではなく、「青森ナイチンゲールがどういうアーティストなのか？」といった形で、自分の「解説」という軸を残した状態でトレンドを取り込みました。これが、自分自身のコンテンツのよさを生かしながらトレンドを組み込むパターンです。

・**青森ナイチンゲール**

2つ目は、トレンドのコンテンツに、大きな個性を出さずに乗っかる方法です。フォロワー数が10万人以上いる場合は、すでに一定数のファンがいる状態だと思いますので、この形式の動画でもある程度の評価を得ることが可能です。例えば流行のダンス動画を出しても、既存のファンが評価してくれるのである程度の数字は見込めると思います。

▼フォロワー10万人以下のアカウント

次に、フォロワー10万人以下のアカウントの場合です。フォロワーが少ない場合は、トレンドにシンプルに乗っかることはやめましょう。というのも、単に無名の人が流行りのダンスを踊ったとしても、その他大勢の評価を得ることは困難だからです。また、関連動画の枠数以上に、競合となるコンテンツも拡大傾向にあります。この点から考えても、ネガティブです。

それでは、フォロワーが少ない場合はどのような工夫を凝らせばよいのか？ それは**「予想外の展開を作り差別化する」**こと。つまり、**「逆張り」**です。いきなり「逆張りでトレンドを掴む」と言われてもわかりづらいと思うので、具体例を挙げてみたいと思います。

２０２２年３月にTikTokでは、過去にヒットしたドラマ「コンフィデンスマンＪＰ」に寄せたコンテンツがトレンドとなりました。例えば以下のような動画がそれに当たります。

- **@りかりこ**
- **@山下（やまげ）**

そして、この「コンフィデンスマンＪＰ」のトレンドを逆張りしたのが、「すず【現役慶應生】」さんの以下のコンテンツです。

・@すず【現役慶應生】

「コンフィデンスマンJP」のトレンドでは、通常「目に見えるものが真実だとは限らない」という冒頭から始まり「コンフィデンスマンの世界へようこそ」という締めで動画が終わります。一方、このトレンドを逆張りした動画では、「目に見えるものが真実だとは限らない」という冒頭と「コンフィデンスマンの世界へようこそ」という締めの前後にボケを組むことで、トレンドの逆張りをしています。

詳しくは動画を視聴いただきたいのですが、**「まさかそう来るか!?」と言いたくなるような、誰もが想像していた展開を崩すのが、トレンドの逆張りのコツ**になります。1例だけでは理解しづらいと思うので、以下に複数の事例を記載します。文章ではわかりづらい部分もあるので、詳しくは動画を視聴いただきたいです！

・事例1：夏絵ココ

トレンド元

トレンド逆張り

夏江ココさんが絶対にしない表情をしているのが、逆張りポイントです。

・事例2：社長へ質問系

トレンド元

トレンド逆張り

「社長！社長！」という一般的な入りから始まって、「社長の意見を言う」のがこのトレンドのフォーマットなのですが、この動画の逆張りポイントは「そもそも社長ではない」という部分です。

・事例3：足技みさらせや

トレンド元

トレンド逆張り

音源に合わせて「足技をみさらせる」のがこのトレンドの特徴なのですが、この動画では「みさらせる」を「みたらし」に置き換えて、「足元にみたらしでベタベタしている」ことを表現しています。

5. TikTokでバズる動画の3部構成

ここまで、TikTokでバズるためのネタ作りについて解説してきました。ここからは、選ばれたネタを実際の動画でどのような構成に落とし込めばよいのか、ご紹介していきます。

結論から言ってしまうと、TikTokでバズるための基本的な勝ちパターンは3部構成になっています。それが、次の3部です。

①冒頭のインパクト
②本編
③終盤のインパクト

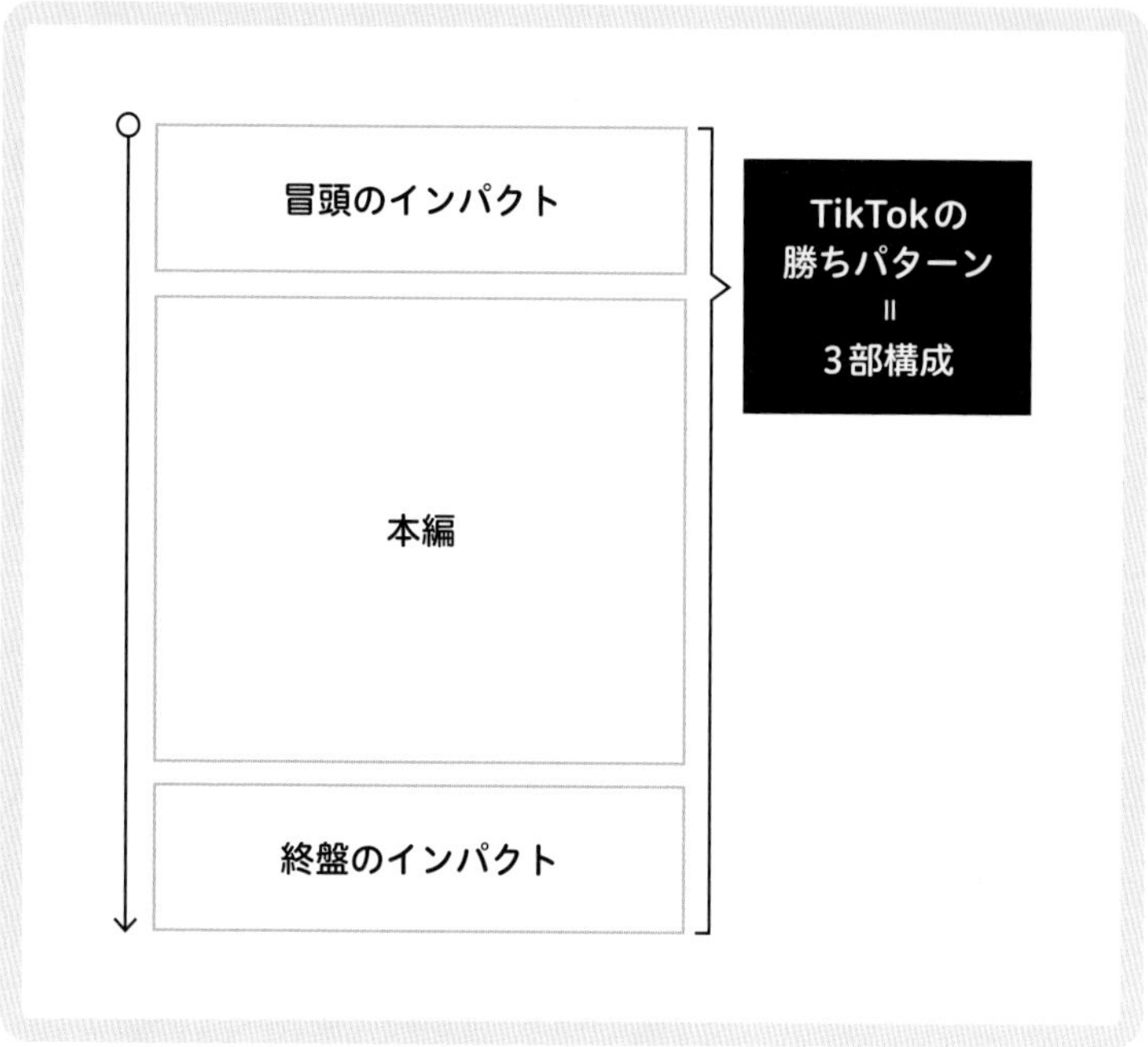

▲TikTokの勝ちパターンは３部構成になっている

もちろん例外もありますが、僕のような教育系の動画も、エンタメ系の動画も、基本的にはこの形式に行き着くことが多いです。

次の項目では、①〜③の各パーツに対して、「それぞれのパーツはどのような意味があるのか？」「それぞれのパーツは何を意識して作ればよいのか？」について解説していきます。

6. 動画冒頭「2秒」でインパクトを出せばバズる

ここからは、TikTokの基本的な勝ちパターンである3つのパーツについて、解説を行っていきます。まずは1つ目の要素、①冒頭のインパクトです。

TikTokの動画作りにおいて、**もっとも重要と言って過言ではないのが、この①冒頭のインパクト**です。ここでの「冒頭」とは、動画冒頭の2秒のことを指します（これは厳密には1秒でも3秒でもよいのですが、ここで伝えたいのは冒頭の作り込みが重要という話です）。

この点に関しては僕自身の持論と言うよりも、「伸びているTikTokerの9割は意識している」という一般論であり、逆に言うと「この要素が組み込まれていない動画はバズらない」と考えてください。

それでは、なぜ冒頭の2秒が重要なのか？　それは、TikTokのしくみが大きく関わっています。

繰り返しになりますが、TikTokでおすすめ欄を表示すると、あなたにぴったりの動画が勝手にレコメンドされて流れてきます。ここで重要なのは、TikTokユーザーは「YouTuberヒカルさんのTikTokを見たい」「簡単にできるモテメイクを知りたい」といった目的意識を持って視聴しているわけではなく、勝手に流れてきた動画の中で「面白い！」と思った動画は視聴され、「つまらない」と思った動画はスクロールされていくということなのです。

つまり**最初の数秒で「面白い」と思わせなければ、スクロールされて画面から消え、アルゴリズム上重要な「平均視聴時間」「視聴完了率」が大幅に下がり、バズらない**動画になってしまいます。それでは動画冒頭でインパクトを出すには、具体的に何をすればよいのでしょうか？

▼冒頭のタイトルでインパクトを出す

前述の冒頭でインパクトを出すための1つ目の方法が、冒頭のタイトルでインパクトを出す手法です。過去に僕は「新型コロナのワクチンが開発されたこと」を動画で取り上げたのですが、この動画では冒頭のタイトルでインパクトを出すことを意識しました。

通常であれば、おそらく「新型コロナのワクチンがついに完成しました」といったタイトルをつけると思います。ですが、TikTokというアプリはスタディアプリでもニュースアプリでもありません。また動画を投稿した2020年は、今以上に若年層ユーザーが多い時期でした。こうした背景から、シンプルなタイトルでは再生数を見込めないと判断した僕は、次のようなタイトルをつけました。それが、「100年に1度パンデミック人類の反撃が始まる」というタイトルです。このタイトルの設計意図としては、ニュースに興味のない若年層のユーザーにも興味を持ってもらうために、あえて進撃の巨人っぽく、漫画風のタイトルをつけた感じです。

【速報】米ワクチンの開始目処について。

▼冒頭の映像でインパクトを出す

次にご紹介するのが、冒頭の映像によってインパクトを出す手法です。以下の動画がわかりやすいので、ぜひ見てみてください。

・噛み癖の直し方

これは犬のしつけについて解説している動画なのですが、冒頭で犬が人の手に噛みつくシーンから始まることで、強いインパクトのある動画となっています。

一般的な教育系TikTokerの動画の場合、「犬のしつけの方法」といったタイトルから始まるのが一般的かと思います。ですが、このようなタイトルから始めた場合、インパクトに欠けてスクロールされてしまいます。また、現時点で犬を飼っているユーザー以外には刺さらない動画となってしまいます。そこで、こうしたインパクトのある映像によって動画の冒頭を設計することが重要になるのです。

その他、以下のような動画も冒頭部分にインパクトが出るような工夫が施されていると思います（意図していない場合があるかもしれませんが）。

・**会社でシメサバ炙ってみた**

会社でシメサバを炙っている情景が謎すぎて、インパクトが出ています。

・**ブラザービートで販促してみた**

地方のスーパーのスタッフが店内で流行りのダンスを踊るという情景そのものが、動画のインパクトになっています。

▼動画冒頭で挨拶やタイトルは不要

ここまで、①冒頭のインパクトについて解説をしてきました。しかし、多くの人がイメージする動画の冒頭部分とは、「こんにちは○○です！　今回なんですが〜」のような流れではないでしょうか？　結論から言うと、この冒頭の構成はセンスゼロです。

確かにYouTubeであれば、こうした挨拶から始まる動画形式が大半です。しかし、TikTokでは前述したようにおすすめに勝手に動画が流れてくるので、冒頭2秒で挨拶をしている間にスクロールされてしまいます。また、なぜYouTubeでは「冒頭の挨拶」が受け入れられているのかといえば、YouTubeはTikTokと異なり、目的を持って視聴されるコンテンツだからです。

先ほどお話ししたように、TikTokはおすすめから、あなたにぴったりの動画が勝手にレコメンドされるSNSです。一方でYouTubeは、「サムネイル」が存在し、サムネイルの段階でユーザーに「面白そう」と興味付けを行うプラットフォームです。

YouTubeでは、ユーザーは「面白そう」と思ったサムネイル（動画）をクリックしてから視聴を始めるため、クリックした時点で目的意識を持って動画を視聴する姿勢ができあがっています。そのため、動画が挨拶から始まったとしても視聴離脱が起こるリスクが少ないのです。

つまりYouTubeというコンテンツは、サムネイルで「興味付け」という段階を踏んだ上で、動画というメインコンテンツに移るのです。一方、TikTokではレコメンド視聴という性質上、サムネイルによる興味付けができないため、動画冒頭の２秒を挨拶ではなく、興味付けの時間として使う必要があるというわけです。

要するに、**TikTokの冒頭2秒はYouTubeのサムネイルと同じ役割**なのです。だから、冒頭で挨拶をするのはセンスがゼロという話なのです。

7. 動画3秒目以降の本編は「視聴離脱防止」が鍵を握る

ここまでで、冒頭2秒が重要で、この2秒間はYouTubeでいうところのサムネイルの役割を果たすという話をしました。それではTikTokの3秒目以降は、YouTubeに置き換えると何に当たるのでしょうか？　それは、動画の本編に当たるかと思います。それでは、3秒目以降の動画本編は、どのようなことを意識して作り込めばよいのでしょうか？

動画本編の最重要ポイントは、「視聴者を離脱させないこと」になります。なぜなら第4章で解説したように、TikTokのアルゴリズムにおいて重要とされるのが「視聴時間」に関連した指標だからです。そして、離脱させない方法論の中でもっともメジャーな方法が、「視聴者が飽きない展開を作ること」なのです。以下で、視聴者を飽きさせない展開について、具体的な動画を例として解説していきます。

▼コロナの未来予測

この動画は僕自身の動画でもっともバズった動画で、おそらくビジネス系のTikTokerの中で、日本でももっとも再生されている動画の1つだと思います。

・アフターコロナの世界とは？

この動画では、次のような流れで本編を構成しています。

2020年4月（2.0秒）
←
2020年5月（2.6秒）
←
2020年6月（3.1秒）
←
2020年7－9月（6.0秒）
←
2021年春（5.9秒）
←
2021年夏以降（5.4秒）
←
アフターコロナの世界（5.0秒）

このように**2〜6秒程度で次から次へと話を切り替えて（この場合は月日の推移）、視聴者が飽きないように動画の流れを設計**しているのです。その他、僕の動画では「で」「ところが」といった接続詞を数秒おきに使用しています。この理由としては、接続詞を組み込むと必然的に動画の流れが変わり、動画の構成に変化をつけることができるからです。

なお、この動画では本題の前後でさまざまな要素を動画に組み込んでいます。ここではこの点は気にせず、本題のみに着目してください。

▼三輪車に乗ってください／修一朗

この動画は、修一朗さんが三輪車に乗るという、なんともインパクトのある動画です。

- **三輪車で1日生き抜いてみた結果**

この動画では、冒頭で「三輪車愛車にしてみてください」という質問を読み上げた後、次のような流れで本題を構成しています。

三輪車を購入（1.9秒）

←

西松屋から三輪車で出てくる（2.9秒）

←

中央大学に入る（5.5秒）

←

食堂の映像（3.2秒）

←

食堂が閉館していて帰る（4.7秒）

←

坂道を降りる（4.7秒）

←

LINEでスタバに誘われる（2.0秒）
←横断歩道を渡る（5.2秒）
←スタバに向かう（2.2秒）
←スタバを飲む（5.4秒）

つまり、2〜6秒程度で次から次へと映像を切り替えることで、視聴者が飽きないような動画の流れを設計しているのです。このように、話の内容や映像を使って次から次へと異なる展開を繰り出していくことが、視聴者の離脱率を下げることにつながり、最終的に動画がバズる可能性が大きく上がるのです。

8. 動画終盤の「インパクト」でユーザー満足度をUPする

ここまでで、動画の3部構成のうち①冒頭のインパクト②本編について解説をしてきました。次に解説するのは③終盤のインパクトに関してなのですが、この③に関しては、①②とは動画上で果たす役割が大きく異なります。

というのも、①と②に関しては、TikTokのアルゴリズムの中でもっとも重要な平均視聴時間と視聴完了率を高めるための要素でした。一方で③終盤のインパクトに関しては、動画の最後の部分であるため、平均視聴時間と視聴完了率にはほとんど寄与しません。では、**動画終盤はどのような意味で重要になるのか？　それは、アルゴリズムとしての「いいね」「コメント」「シェア」といった視聴時間以外の要素を高め、また過去の動画を遡って視聴してもらうために重要**ということになります。

それでは、なぜ動画にシメがあると、「いいね」「コメント」「シェア」といった指標が高まるのでしょうか？　これは、心理学の「ピークエンド効果」によって説明がつきます。「ピークエンド効果」とは、人は「もっとも感情が動いた時（ピーク）」と「一連の出来事が終わった時（エンド）」の記憶によって、全体の印象を決定しているという法則です。

実際にTikTokでバズっている動画の多くを思い浮かべていただくと理解できると思うのですが、動画の最後の部分に、「予想外の展開」や「オチ」、「共感や感動する言葉」といったインパクトが存在している動画が多いと思います。以下で、いくつか例を挙げてみます。

▼共感・感動

1つ目は、「東京ウーバーズ」さんの「IQ140の男の末路」というタイトルの動画です。この動画の大枠の流れとしては、幼少期はよい成績を納めていたものの、頭のよさ故に中学あたりから周囲とのギャップが生まれ、大人になっても職場で苦労する様子が描かれています。そしてこの動画の最後には、「日本でもギフテッドへの理解が深まり個性を活かせる社会にしていきたいですね」というメッセージが出てきます。単に苦しい人生を描いて終わるよりも、最後に共感や感動要素を持ってくることで、動画への満足度が確実に上がり、動画のエンゲージが向上していると思います。

・**天才の苦悩…IQ140の男の末路**

▼驚き

2つ目は、お笑い芸人の「ラバーガール」さんの動画です。大枠の流れとしては、道端でAさんがBさんに話しかけて、Aさんが三言目に「初対面だよねえ？」と言い、Bさんが「じゃあ、話しかけんなよ！」と突っ込む動画です。よくあるシチュエーションから、「初対面って知ってて話しかけたんか！」という「驚き」が待っていたという動画です。

・じゃあ話しかけんなよ！

▼予想外の展開

3つ目は、2人組のカップルが運用している、「サンキューどっこいしょ」というアカウントの動画です。この動画では、最後の最後に予想し得ないオチが用意されています。この動画は1分を超える動画なので言語化しづらいのですが、大枠以下のような流れでストーリーが展開されます。

1．カップルがディズニーへ行く
2．女の子が友達と偶然出会いダブルデートに
3．彼氏側が嫌がって怒る
4．彼女の「私はシンデレラ。王子様が連れ出すのがテンプレじゃん」との発言で、彼

氏がダブルデートを終わらせる

5．最後に彼氏がプロポーズするが…（ここで予想外の展開が起こります）

・ジコチュー彼女と付き合ってる時

ということで、**動画終盤のインパクトには、驚きや共感・感動などの要素を組み込む**ことが重要という話です。

こういった要素があることで、**ピークエンド効果によって動画全体の評価が高まり、動画を視聴したユーザーがなんらかのアクションを起こしたくなります。そのことが、結果的に「いいね」「コメント」「シェア」の獲得率を押し上げ、再生数に寄与**していくのです。

9. 30秒以上の動画は「4部構成」でバズる

ここまでで、バズる動画は①冒頭のインパクト②本編③終盤のインパクトの３部によって構成すべきという話をしてきました。ですが、前述のように動画が長くなればなるほど、視聴離脱のリスクが高まり、バズの難易度が上がります。それでは、30秒以上の長尺の動画の場合、バズる可能性を上げるためにはいったいどうすればよいでしょうか？

そこで、30秒以上の動画に組み込んでほしい、４つ目の要素があります。それが、視聴者への「ベネフィット」の提示です。このベネフィットは、動画構成の①冒頭のインパクトと②本編の間に組み込むことで、視聴離脱率を大きく下げる効果があります。

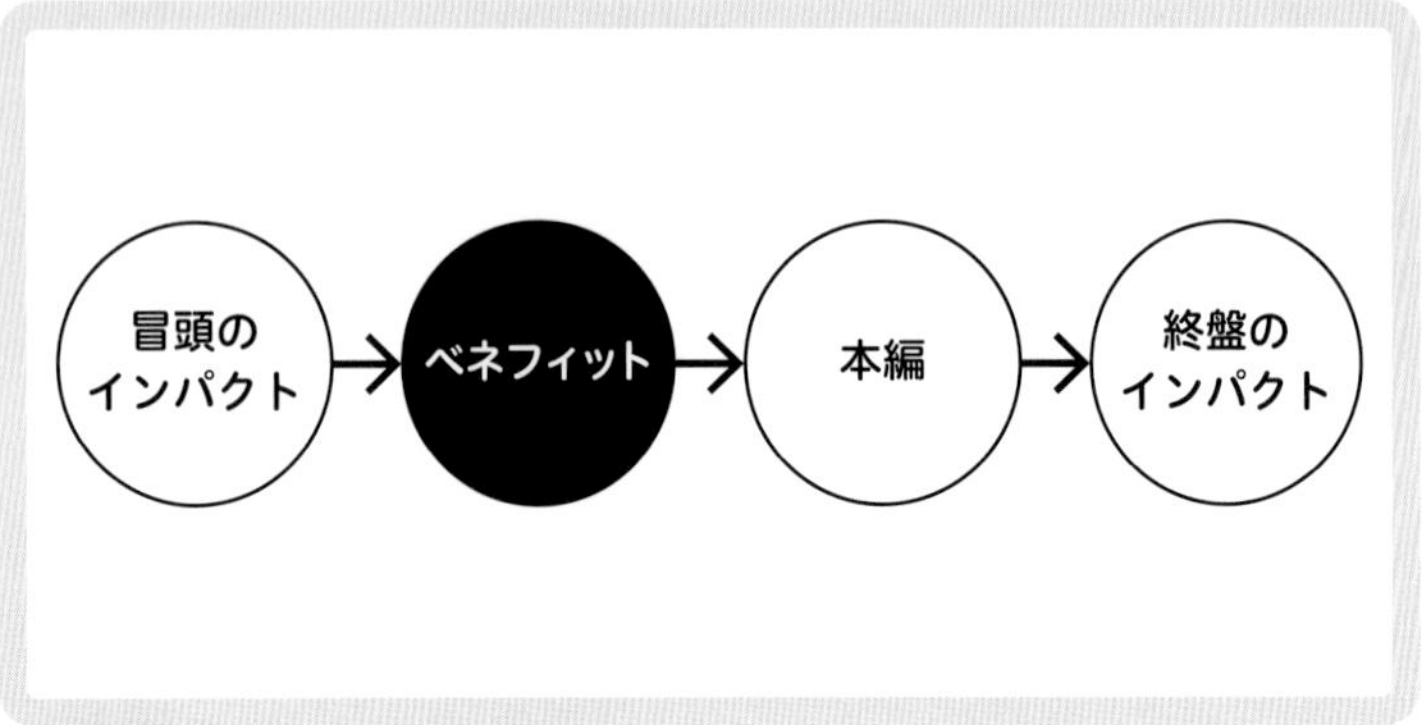

▲①冒頭のインパクトと②本編の間に「ベネフィット」を組み込む

ベネフィットとは、日本語で「利益」を意味する言葉です。TikTokユーザーが動画を見ることで得られる「利益」を提示することで、視聴離脱のリスクを下げることができるのです。

それでは具体的に、ベネフィットとしてどういった文言を組み込むべきなのか？　以下に、実際に僕自身が使っている例文を記載します。

【ベネフィットの例文】

- この動画を最後まで見ると○○がわかります
- 注意点があるので最後まで聞いてください（最後に注意点を入れなければなりません）
- 特に1位が重要です（ランキング形式の動画で有効です）

・9割の人が勘違いしているんですが（自分も勘違いしているかも？という感情を誘発）
・デマ情報が多いので、僕が真実を伝えます（この人は信頼できるかもという感情を引き出します）
・これがわかってなくて損している人が多すぎます（人は得よりも損したくない生き物です。今自分が損している状況であることを説明します）
・30秒だけ時間をください！（ゴールが決まると離脱しづらいです）
・これを言うと炎上すると思うんですが…でも真実を伝えたい（リスクを負ってまで伝えたいほど貴重な内容である）

以上が、僕がよく使う例文です。これ以外にも、①冒頭のインパクトを補足し、動画を視聴したくなるようなメリットを提示できればよいかなと思います！

ちなみに、上記で示した例文はどんな動画に組み込んでもよいというわけではありません。例えば、「これを言うと炎上すると思うんですが…でも真実を伝えたい」というベネフィットの後にたいした情報がなければ、単にユーザーからの信頼を損なうことになり、今後、動画を見てもらいづらくなります。ですから、**ベネフィット を提示するのであれば、動画内にそれ相応の内容や展開を用意する**ようにしてください。

▼30秒以上の動画は難易度が高く上級者向け

なお、本項で解説してきた30秒以上の動画ですが、駆け出しのクリエイターは作らないことを推奨します。というのも、短い動画の方が動画に組み込まなければならない要素が少なく、比較的動画をバズらせやすいからです。もちろん、30秒以上の動画を出すべきではないということではなく、30秒以下の動画でバズを生むことができてから、次のステージである30秒以上の動画を出すようにするといったイメージです。ちなみに、ここでは「30秒」という単位で区切っていますが、30秒の前後で何かが変わるというわけではありません。そういう話ではなく、**動画の秒数が増えるごとに視聴者の離脱するポイントが増えるため、結果的に難易度が上がる**ということを意味しています。

それでは、動画の秒数が長くなるとどのような問題が発生しやすくなり、その結果、コンテンツ作成の難易度が上がるのか？　それは、ユーザーの視聴離脱率です。前述したように、TikTokでは動画の冒頭でインパクトをつけて、3秒目以降でユーザーを飽きさせない展開を作っていくのがスタンダードな構成です。しかし、動画の秒数が例えば15秒であれば、3秒目以降の飽きさせない展開がなかったとしても、冒頭のインパクトのパワーのみでユーザーの視聴離脱を防止することも可能です。ですから、動画の秒数が短い方が、駆け出しのクリエイターにとってはおすすめというわけなのです。ちなみに、昨今のTikTokでは長尺動画を優遇する傾向にありますが、こうした年単位で変化するアルゴリズムについては、加味していない見解になります。

ただし、短すぎる動画はTikTokに推奨されませんので、どんなに短くとも10秒以上（できれば15秒以上）の動画を投稿するようにしましょう。もちろん、それ以下の尺でバズることもあります。当たり前のことですが、いちばん重要なのはコンテンツ力なのです。

10. ほんの一工夫で視聴完了率を高める裏技

ここで、これまでに解説してきた3部構成（冒頭のインパクト、本編、終盤のインパクト）や4部構成（冒頭のインパクト、ベネフィット、本編、終盤のインパクト）でバズる方法とは異なる、別のバズらせ方を紹介します。それは、動画にオチがあることをあらかじめユーザーに指し示しておくという方法です。

本書をここまで読んでいただいた方は、TikTokで数字を伸ばすには、結論、ユーザーを最後まで離脱させないことが重要であるということは理解できたかと思います。つまり、動画の最初の部分で動画の最後にオチがあることを示唆しておけば、ユーザーが最後のオチを知りたいと思い、結果、動画の視聴時間が伸びやすくなるのです。

このようにオチがあることをユーザーに最初に認知してもらい、最後まで動画を見てもらう方法は、これまで解説してきたような構成が必要ありません。動画の最初でオチがあることを提示し、動画の最後にそのオチがくるというこの構成を、僕は「一部構成の動画」と呼んでいます。オチが動画内に組み込まれていることを示唆する方法は、大きく以下の２パターンです。

①動画冒頭にオチを示唆するテロップを出す

１つ目は、動画冒頭にテロップを出す方法です。例えば、「実は私こう見えて…」「ナンパ男の末路」といったテロップが動画の冒頭に入っていると、直感的に動画の展開が気になり、最後まで見たくなると思います。このように、**動画冒頭でテロップによってオチがあることを示唆することで、視聴完了率を高める**ことができます。

具体的に以下のような動画が、冒頭のテロップで視聴完了率が取れている例だと思います。

・上には上がいる【出勤時間】

演者2名のうち、1名が「18時出勤なのに17時に来ちゃった」という発言をする。それに対して、右下に「上には上がいる」というテロップがあることで、もう1人の女の子の発言が気になり、視聴完了率がアップするという設計になっています。

・このセミエビ激しすぎ

「このセミエビ激しすぎ」というテロップに対して、最初は静止しているセミエビが、この後どんな動きをするのかな？　という視点で、視聴者は最後まで動画を見てしまいます。

②すべての動画でオチをつける

2つ目の方法は、すべての動画にオチをつけるという方法です。アカウントでアップするすべての動画にオチをつけるような設計をしておけば、何度かそのアカウントの動画を見たユーザーは、無意識のうちに「この動画のオチはどうなるんだろう？」という気持ちで最後まで動画を見てしまうのです。この手法は、前述した3部構成や4部構成と組み合わせて使用することもできるのでおすすめです。具体的に次のような動画が、オチを定番化することによって視聴完了率が取れているアカウント例だと思います。この2つのアカウントでは、ほとんどの動画でオチをつけています。

- **ラバーガール**
  https://www.tiktok.com/@rubbergirl_official
- **SutdyInネイティブ英会話**
  https://www.tiktok.com/@studyin.jp

COLUMN

バズらない動画がファンを増やす

これはフォロワー数が10万を超えるようなTikTokerさんでもまちがっている方が多いのですが、何もバズるコンテンツだけが重要なわけではありません。というのも、コンテンツは大きく

①バズって多くの人に認知されるコンテンツ
②バズらないがファン化につながるコンテンツ

の2つに分類されるからです。

ここまでで解説してきたのは、①のバズるコンテンツの方です。大前提として、フォロワーが少ない状態でファン化をしても、そもそも「ファンになる人がいない」という話ですから、フォロワー数が5000～1万

人を超えるまでは、②のファン化につながるコンテンツは考えなくてよいでしょう。その上で、フォロワーが5000～1万人を超えた場合は、少しずつファン化をしていきましょう。

そもそもTikTokというプラットフォームが何に特化しているのかというと、その答えは「認知」だと思います。前述したように、TikTokはフォロワーに動画が配信されるのではなく、レコメンドによって動画がおすすめ表示されるSNSです。そのため、フォロワー0人の状態でも多くの人に認知されることが可能です。

その一方で、TikTokの弱点は、ファン化がしづらいことです。こちらも前述しましたが、僕の知人のフォロワー10万人のTikTokerさんがオフ会を開いたところ、お客さんが1人も来なかったという事件もあるように、TikTokは認知獲得には長けているものの、ただ単にバズるだけではファンにはならず、集客にはつながりづらいということなんです。

それではなぜ、**TikTokはファン化しづらいのでしょうか？　これはレコメンドの性質上、フォローしているTikTokerの動画を見るという文化が根付きづらい**ということが最大の理由です。例えばInstagramであれば、インフルエンサーの人柄がわかるストーリー機能が存在しており、ファン化に必要な機能をプラットフォーム側が用意していたりします。

では、TikTokにおいてファン化をするには、どうすればよいのか？　その答えが「②バズらないがファン化につながるコンテンツ」を作ることなのです。

もちろん、ただ単にバズらないコンテンツを出してほしいと言っているわけではありません。ここで「バズらないコンテンツがファン化につながる」と話しているのは、ファン化コンテンツはその性質上、バズらせる難易度が高いからなのです。

具体的にファン化コンテンツとはどういうものかと言うと、次のような内容になります。

- **自己紹介**
- **vlog系の日常動画**
- **活動への想い**
- **失敗経験の共有**
- **目標や夢の共有**

人は、よく知っている人は嫌いになれないという性質があると僕は考えています。その意味で、自己紹介・vlog系の、「人となりを知ることができる」日常動画は、ファン化コンテンツに分類されるのです。

ただし、前述したようにフォロワー5000人以下の状態で自己紹介なんかしないようにしてください。よく1投稿目で自己紹介を始める方がいるのですが、誰も知らないあなたの自己紹介に興味を持ってくれるユーザーなんて存在しません。通りすがりの通行人が、急に自己紹介してくるようなものです。

また、人は「想い」に共感し、応援したくなる生き物だと思います。例えば「募金してください」と言われて募金したくなる人は少ないと思いますが、「私は母子家庭で育って、高校に進学するお金がありませんでした。でも、この募金のおかげで私は今高校に通っています。あなたに寄付していただいたお金が、生活に厳しい子供たちの…」みたいな話をされると、前者よりも募金したくなりますよね？　ですから、**活動に対する背**

景や想いを動画で伝えることが、ファン化には重要なのです。

その他、「成長」という要素は、人類最大のエンタメだと僕は感じています。というのも、ワンピースであれ、ドラゴンボールであれ、**いつの時代も大ヒットエンタメというのは、人の挫折と成長が描かれるものだから**です。ですから、過去の失敗経験の共有、将来の目標や夢といった要素は、個人的な話なのでバズらせることは難しいのですが、ファン化としては最強のコンテンツだと思います。

ちなみに「成長」という要素に関して、僕はかなり意識してTikTokに取り込んでいます。というのも、僕はもともと、大学院終了後にＴＨＥ安定職である大学職員をビジネス書の影響を受け辞めました。その後、真逆のＩＴ系営業職に転職して、ここでしっかりと挫折を経験していま す。そこから、「好きを仕事に」するために、当時ダンスアプリとして認知されていたTikTokでビジネスジャンルの発信を開始し、結果として今となってはTikTokにおけるビジネスジャンルの開拓者のポジションを獲得しています。僕自身の過去と現在はあとがきに詳しく書きましたので、ぜひ読んでみてください。ホームレスを覚悟した話など記載していますね（笑）。

ということで、**TikTokは認知獲得には最適**なのですが、その一方で、**認知だけではファンにならないため、意識してファン化をしていく必要がある**という話です。その上で、ファン化には自己紹介・日常動画・活動への想い・失敗経験・目標・夢といった内容の動画を投稿していくのが効果的ということです。ぜひ実践してみてはいかがでしょうか？

まとめ

- ✔バズるコンテンツはＴＴＰから生まれる
- ✔トレンドの逆張りはバズりを狙いやすい
- ✔動画作りは冒頭の２秒が最重要
- ✔２秒目以降は離脱防止のために飽きさせない展開を
- ✔視聴者がオチを見たくなるようなタイトルをつけると視聴完了率が向上する

第6章

TikTokでバズるための「撮影&編集術」

1. TikTokの動画撮影はスマホで十分

時々、コンサル生から「撮影機材はどのようなものを使えばよいですか？」と聞かれることがあります。しかしTikTokでは、よほど凝った映像でない限り、お手持ちのスマホで十分バズる動画を撮影できます。僕自身の肌感覚としては、TikTokで流れている9割以上の動画はスマホ撮影の動画だと思います。ですので、基本的には高価なカメラなどの機材は必要ありません。

また、SNOWやB612などの加工アプリを用いて数分以上撮影する場合、旧い機種を使用すると端末が熱くなり、動画と音声にズレが生じてしまうことがあります。ですから、SNOWなどのカメラアプリで数分以上撮影する場合は、できるだけ最新機種のスマホを使うことをおすすめします。

ちなみに、**僕個人としてはＳＮＯＷカメラは使わないことを推奨**しています。あくまで僕の経験論ですが、ＳＮＯＷやＢ６１２はTikTokの撮影に不向きです。撮影できないということではなく、厳密にはもっとよい撮影方法があるという話です。前述したように、ＳＮＯＷやＢ６１２を使用すると音ズレが起きたりする他、そもそも音声が荒く、雑音が入ってしまいます。この点、iPhoneの標準カメラアプリは優秀で、長時間の撮影でも音ズレせず、比較的クリアな音質で撮影することができます。

もちろん、iPhoneのカメラアプリではＳＮＯＷやＢ６１２のような加工ができないという意見もあると思うのですが、この点はCapCutという動画編集アプリで解決できます。ただし、標準のカメラアプリで撮影した上でCapCutで顔の加工をするよりも、ＳＮＯＷやＢ６１２の方が加工技術そのものは高いと思います。ですので、短時間の撮影で、音質にこだわりがなく、かつ顔加工を優先したいという場合は、ＳＮＯＷやＢ６１２といったアプリを使用してもよいと思います。両者にそれぞれメリット・デメリットがあるため、状況に応じて適切な方法を選択してください。

▼編集もスマホで十分

動画編集というと、ＰＣのAdobe Premiere ProやFinal Cut Proといった、扱いの難しいソフトを思い浮かべる方が多いかもしれません。ですが、今の時代、スマホ１台あれば、直感的に動画編集が可能になっているのです。僕自身の動画に関しても、「ＰＣですか？」と聞かれることが多いのですが、すべてスマホで編集しています。

そこで**僕がおすすめするのは、「CapCut」というスマホ用の動画編集アプリ**です。「CapCut」はTikTokの運営元であるByteDance社が提供している無料アプリで、ショートムービーを手軽に、ハイクオリティで作ることができます。ちなみに僕は、２０２０年４月頃からこのアプリを使い続けています。

「CapCut」では、テロップの文字色の変更はもちろん、アニメーションをつけることもできますし、映像に拡大縮小などの動きをつけたり、画像を取り込んだりと、TikTokに投稿する動画を編集する上で必要な操作は不自由なく行えます。また、クロマキー合成のような背景を透かす機能も使うことが可能で、ここまでの機能を無償で提供していることが驚きです。**唯一「CapCut」に欠点があるとすれば、スマホアプリの特性上、編集データを共有することができない**点かなと思います。ちなみに僕は「CapCut」からは一銭も受け取っていませんので、回し者ではございません(笑)。

▲「CapCut」の動画編集画面

2. TikTokは情報密度が大きい方がバズる

第1章で僕は、「ユーザーの情報処理速度が上がった結果、ユーザーは短い時間で多くの情報を得たいと思っている。この時流を掴んだのが、ショートムービープラットフォームのTikTokである」といった話をしたと思います。

このように、TikTokユーザーは情報密度を重要視します。ですから、特に情報系の発信者は無駄な間をカットし、テンポよく展開を進めることが重要です。僕のアカウントではこの「間」の調整をかなり意識していて、0.1秒単位で間を確認しているほどです。もちろん、ボケに対するツッコミなどのように、「間」があることで面白さが演出されるシーンもあると思います。こうしたケースの「間」に関しては、例外となるための塩梅があるのですが、ここではひとまず、必要ない「間」をカットすることを覚えておきましょう。ここで伝えたいことは、**短時間あたりの情報量が多い**

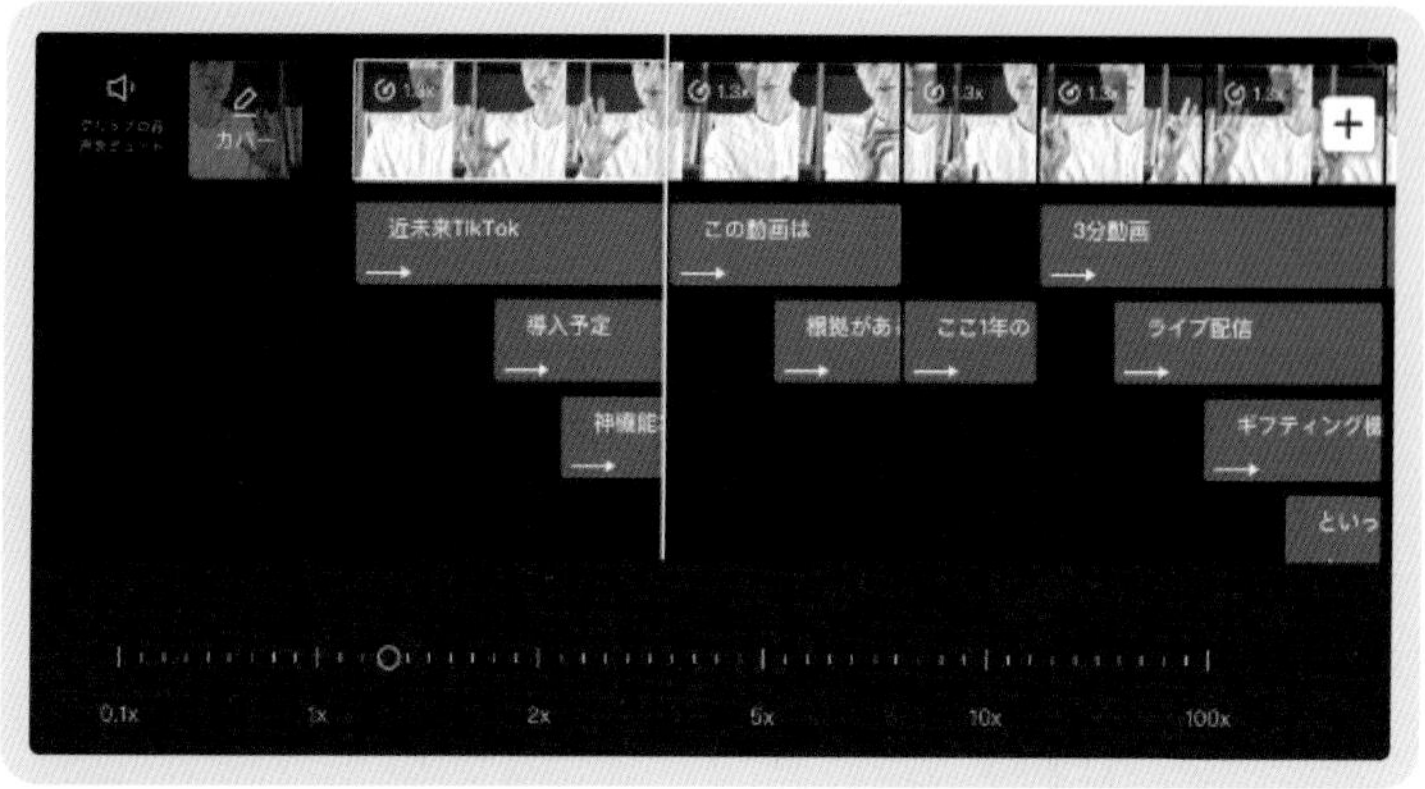

▲動画の「間」を切り詰める

動画をTikTokユーザーは求める傾向にある、という話なのです。

その他、情報量を増やすために重要なのは、使用する動画素材の数です。僕のような教育系のクリエイターの場合は、カメラに向かってトークを行う形式のため、動画素材は1つしかありません。しかし、例えばVlog系のクリエイターの場合は素材の数が重要で、2秒間隔で異なる素材を入れていくなどして、情報量を増やすのがよいでしょう。

3. テロップは「4色以上」使わない

カラフルなデザインって、基本的にダサいです。もちろんプロのデザイナーであれば、色数が多くてもうまく作り込めると思うのですが、この本の読者の方の多くはデザイナーではないと思います。そのため、テロップに「白＋3色」より多くの色を使うのはＮＧだと思ってください。

テロップの色については、「ファッションと同じ」と考えるとわかりやすいです。例えば、緑のシューズ、赤のパンツ、青のインナー、黄色のジャケット、黒のキャップといったカラフルな服装をしている人がいたら、どう考えてもダサいと思いませんか？ それであれば、全身黒や全身白といったコーディネートの方がおしゃれだと思いますよね？

この例を聞いた皆さんは「当たり前だろう」と思ったかもしれません。しかし多くの方は、なぜかファッションのカラーとテロップのカラーを同じものと捉えていないため、動画編集となった途端にいきなりカラフルなテロップを使ってしまうのです。テロップには「白＋３色」以上の色は使わず、一体感のあるテロップを作成するようにしましょう。

▲ここでは「白＋３色」としているのですが、基本的に僕の動画では、白と黒をベースにして、目立たせたい部分を赤とし、それ以外の色は滅多に使用しません

4. テロップは概要欄で隠れないように表示する

TikTokの動画には、この部分に文字を表示すると「切れてしまう」「見えずらくなる」といった場所が存在します。こうした場所にテロップを配置してしまうと、文字が読みづらくなり、離脱率を高めることになるので注意が必要です。ここでは、テロップを置いてはいけない3つの場所について解説していきます。

テロップを置いてはいけない1つ目の場所は、動画の上下左右の四辺です。この場所は、スマホの画面サイズに応じて文字が切れてしまうことがあるので、テロップを配置しないようにします。

2つ目の場所は、概要欄が表示される動画下部です。そもそもテロップを下に表示すると見づらいということもあります。極力、画面の下3分の1にはテロップを配置しないようにしましょう。

テロップを入れるべきではない場所

①スマホのサイズによって文字が切れる…青

②概要欄で文字がかくれる…赤

③右側のアクションボタン…黒

▲テロップを出さない範囲

最後の3つ目が、右側のアクションボタンの部分です。アクションボタンによってテロップが隠れてしまうので、この部分にはテロップを配置しないようにしてください。

ただし、1つ目と2つ目と違い、右側は文章の語尾に当たります。そのため、仮にテロップが隠れてしまっても、人は文脈で内容を認識できます。

3つ目は、軽く意識する程度でよいでしょう。

5. TikTokの動画投稿でやってはいけない3つのこと

TikTokの動画投稿でバズるためには、「やるべきこと」と同時に「やってはいけない」ことがあります。ここでは、バズるために「やってはいけない」3つのことについて解説します。

▼①美男美女以外は「顔のドアップ」禁止

耳が痛い話かもしれませんが、あなたの顔面に需要があるとすれば、それは、あなたの顔面が美男美女の場合だけです。そのため、動画での顔のドアップは絶対に禁止です。その他、肌は綺麗に越したことはないため、編集時に「CapCut」で美肌補正をすることを推奨します。もちろん例外として、逆にブサイクのドアップがバズることもあります。

よく言われることですが、「面接では第一印象が重要」です。つまり、動画で表示された第一印象によって、**あなたの評価は無意識に下される**のです。ですから、化粧や美肌加工によって、自分自身が綺麗に見えるように意識をすることが大事という話です。

▲「CapCut」による美肌補正画面

▼②ハッシュタグは「4つ以上」つけない

次の「やってはいけない」こととして、4つ以上のハッシュタグをつけてはいけません。TikTokで動画を見ていると、ハッシュタグ（#）を10個以上つけていたり、「#おすすめに乗りたい」や「#運営さん大好き」といったハッシュタグをつけているケースがあります。どちらも、動画の再生数にはマイナスに寄与していると僕は考えています。

大前提として、ハッシュタグをつける意味について考えてみましょう。ハッシュタグは、TikTokのシステムに対して自分が投稿した動画が「どのようなジャンルの動画なのか？」を伝えることが目的です。そのため、不適切なハッシュタグをつけてしまった場合、TikTokのシステムに誤った情報を伝えていることになります。そのため、その動画に興味のないユーザーにおすすめされ、結果的に動画の評価が下がってしまいます。そうすると、当然のことながら動画はバズりにくくなります。では、どうすればよいのでしょうか？

方法は簡単です。まずは自分の投稿したい動画に関連しそうなハッシュタグを考えてみてください。そして、そのハッシュタグをTikTok内の検索機能で検索します。すると、対象のハッシュタグに紐づいた動画が表示されます。そして、そこに表示されている動画と自分の投稿したい動画が関連性が高いものであれば、それは最適なハッシュタグであると言えます。逆に言うと、「#おすすめに乗りたい」や「#運営さん大好き」をつけるのが最適な動画は存在しないということです。

ちなみに、ハッシュタグの数は2個でも4個でもよく、**重要なのは動画に関連のあるハッシュタグをつけるということ**です。ですが、この文章の見出しであえて「ハッシュタグは「4つ以上」つけない」としているのには理由があります。それは、3つまでに絞ることで自ずと必要なハッシュタグで3枠が埋まり、結果として関連度の低いハッシュタグをつけづらくなるという効果があるからです。反対に、関連度の低いハッシュタグをつけることは、動画の初速の数百再生を関連度の低い層へリーチさせることにつながってしまいます。だからこそ、ハッシュタグは強制的に3つまでとすることが有効なのです。

▼③投稿時間は気にしない

よく、動画を投稿するのは何時頃がよいのでしょうか？　という質問を受けます。これはTikTokerによって意見が分かれる部分ではありますが、僕の結論として、**投稿時間は何時でもよい**です。

これは、投稿時間は動画の再生数にまったく関連がないという意味ではなく、そんな小さなことを気にするくらいなら、そもそもの動画の質を改善しましょうという話です。ちなみに、僕自身が深夜に投稿した動画の中には、１００万再生を突破したものも多数存在しています。

その上で、**微々たる誤差の範囲に当たる投稿時間を最適化するとすれば、平日は16～19時、土日祝日は13～19時に投稿するのがベスト**かなと思います。TikTokユーザーの視聴のピークは、おおよそ20～22時あたりですので、ピークを迎える少し前に動画をアップしておく方が、自ずと再生数も最大化するという考え方に基づいています。

6. TikTokの動画は量より質

前述したように、TikTokというＳＮＳは、フォロワー数にはほぼ関係なく、動画の質が評価されて再生数が決まるＳＮＳです。ということは、単純に考えた場合、**質が低い動画10本よりも、質が高い動画を１本だけ出す方が、結果的に多くの人に動画を届けることができます。**

ただし注意点があって、ＳＮＳの初心者さんの場合は、基本的には質を担保した動画を作ることはできません。そして、**質というのは、量をこなすことで担保できるようになる**ものでもあります。時々、量よりも質という情報を教えると、単純に動画の投稿頻度が低い方がよいと考えてしまう方がいらっしゃるのですが、当然のことながら、質の担保された動画をたくさん出すのが一番よいのです。

まとめると、自分の中で100点だと思える動画を毎日投稿できるのであれば、毎日投稿した方がよいです。ただし、自分の中で毎日投稿を義務にした場合、70点の動画を出すことになってしまう場合は、投稿頻度を下げて100点の動画を数少なく出せるようにした方がよいという話です。

▼1日3本以上の投稿は非推奨

質を重視するべきとはいえ、当然ながら「動画の投稿頻度が低すぎるのはダメ」ということは理解できると思います。投稿回数が少ないということはシンプルに合計の再生数が落ちるということですし、これに伴いユーザーとの接触頻度も低下します。またそれだけではなく、8章で解説するPDCAを回しにくくなり、動画の内容がアップデートされないという意味でもネガティブです。

では、動画はできるだけたくさんアップした方がよいのでしょうか？　僕の見解としては、**1日に最大でも3本**が上限だと思っています。というのも、前述したようにTikTokは動画のクオリティを評価して再生数を決めており、一般的なSNS

で評価対象となるフォロワー数に関しては、ほとんど関係がありません。

そして、1日に3本以上もの質の高い動画を出すということは現実的に難しく、3本以上アップしている人がいるとすれば、おそらくそれは動画を単にアップすることが目的になってしまっている人だと思います。つまり、質の高い動画だけを評価して再生数を付与するTikTokのしくみ上、動画をたくさんアップしさえすればよいという考え方は正しくないと考えられるわけです。

また、動画の投稿本数に関してよくご質問いただくのは、「最小で何本は投稿すべきか？」についてです。結論から言うと、少なくとも週2本は投稿していただきたいです。ただし、動画の投稿本数が少なければ少ないほど、試行回数は少なくなるわけなので、当然ですが成功率は大幅に下がります。ですので、基本は週5本〜毎日投稿あたりを目指して活動していくべきかなと思います。なお、ここで言う週2本投稿というのは、ある程度TikTokに慣れてきて、バズる動画の打率が上がった状態の方に向けた考え方であり、本当の最低ラインだと考えてください。

アンチコメントにはどう対応する？

動画がバズった後に、必ずと言っていいほど僕のところに相談が来るのが、アンチコメントへの対処法です。正直なところ、TikTokは全SNSの中で、もっとも年齢層が低く、コメント欄を含めたエンタメが成立しているSNSです（その他のイメージはヤフコメや2chなど）。そのため、動画がバズれば少なからずアンチコメントは来てしまいます。

ちなみに、アンチコメントを受け取った側は割と真剣に受け止めてしまいがちですが、基本的にTikTokユーザーの大部分は、本気で怒っているわけではないのです。イメージとしては、息を吸うように適当なことを言っているユーザーが大半で、そこには悪意もありません。だから、自分に非がない炎上は気にしなくてよいのです。

ちなみに、アンチコメントは来ないことにもメリットはありますが、来ることにもメリットはあります。1つ目は、コメント欄が荒れれば、動画がバズるというメリットです。そして2つ目は、**誰かに嫌われることは、誰かに好かれることにつながる**というメリットです。

例えば数々の炎上を経験されているYouTuberのヒカルさんって、一部の人からは熱狂的な支持を得ていると思います。一方でヒカキンさんは、万人受けのYouTuberです。知名度で言うと「ヒカキンさん＞ヒカルさん」ですが、商品を販売して売上につながるのは「ヒカキンさん＜ヒカルさん」ではないかと思います。

もちろん、「だからアンチを作りましょう」という話ではなく、あくまでもメリットとデメリットがあるという話です。とはいえ、アンチコメントが来るのは嫌な人もいると思いますので、以下にアンチコメントへの対策を記載しておきます。

未然にアンチコメントを防ぐ方法①

そもそも、アンチコメントは未然に防ぐことが可能です。例えば僕の場合は、誤解が生まれそうな動画に関しては、次ページの画像のように固定コメントで補足をしています。コメント欄を開かなければアンチコメントはできないので、アンチコメントを書き込もうとしたユーザーの目に止まる可能性が高い固定コメントは、対策として最適です。また、コメント欄で補足をすることで、他の視聴者が守ってくれるということもあります。とはいえ、動画がバズらないよりは炎上した方がよいという考え方もあるので、あえて補足を記載しないのもテクニックであるといえるかもしれません。

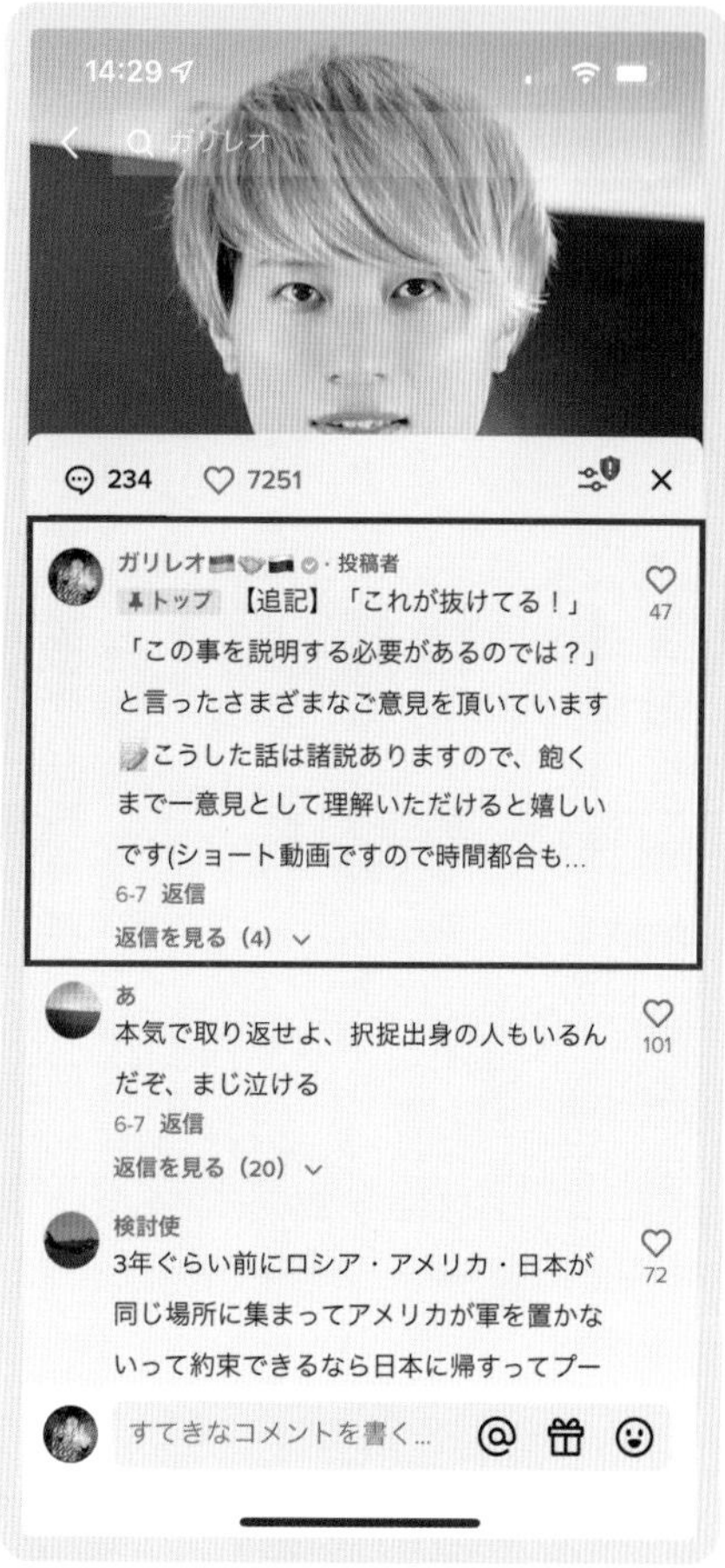

▲固定コメントで補足をする

未然にアンチコメントを防ぐ方法②

TikTokでは、特定のキーワードが入ったコメントを非表示に設定することが可能です。この機能を使うと、アンチコメントを記載した本人のスマホ以外からは、そのコメントが見えなくなります。具体的な設定方法は以下の手順です。

①「設定とプライバシー」をタップする
②「プライバシー」をタップする
③「コメント」をタップする
④「フィルターキーワード」をONにする
⑤キーワードを入力する

アンチが書き込むコメントには、特定のワードが含まれることが多々あります。キーワードは、随時アップデートしていくとよいでしょう。ちなみに僕の場合は、以下のワードをフィルターしています。

ブロック、キモ（い）、消（えろ）

ユーザーがアンチコメントをしてしまう理由は、「みんなが悪口を言っているから」です。周囲の行動に合わせるのが日本人なので、誰も怒っていない雰囲気を出すことが重要です。ちなみに、キーワードフィルターは炎上後に設定するのも有効です。

なお、できればコメント欄での補足やキーワードフィルターでアンチに対抗するのがよいのですが、最終手段としてブロックするという方法もあります。

まとめ

- ✔撮影・編集はスマホでＯＫ
- ✔テロップは４色以上使うな
- ✔無駄な間を省き、動画の速度は1.2倍に
- ✔ハッシュタグはつけすぎると逆効果
- ✔投稿時間は何時でも関係ない

第7章

TikTok「業種別」ビジネス成功事例

1. TikTokの「業種別」成功事例5選

前述したように、**2021年末に日経クロストレンドが発表した「ヒット商品ベスト30」の中で、「TikTok売れ」は1位**に選ばれました。こうした背景もあって、TikTokをビジネスに活用する企業や個人は日に日に増加しています。

本書の6章まででは、アカウント設計・アルゴリズム・バズる動画の作り方などを解説してきました。しかし、言葉の限界から仕方のないことではあるのですが、抽象度が高く感じられるかもしれません。そこで本章では、具体例を挙げて業種別の成功事例を複数シェアできればと考えています。なお、本章で紹介する動画およびアカウントは、著者のコンサル等による成功事例ではありません。著者の実績を誇示するものではありませんので、ご注意ください。

▼事例①ミュージシャン

僕のところには、よくミュージシャンの方が相談に来られます。その際に、僕が必ずアドバイスすることは、**「歌声で勝負するな！」「エンタメを組み込め！」**です。歌声や芸術作品だけでバズるのは、TikTokでは厳しいと思ってください。ただ、勘違いしないでいただきたいのは「バズらない」ではなく、正確には「ただ歌がうまいだけではバズらない」「ただ絵がうまいだけではバズらない」ということです。

もちろん、YOASOBIさんのように圧倒的な認知と人気があれば、歌声だけで勝負してもバズります。しかし、まだ何者でもないアーティストは、どんなに自分の歌声に自信があっても伝わらないというのが正直なところです。そして、そこに不足しているものがエンタメ要素なのです。

実際に、歌でバズったTikTokerを3人紹介します。1人目は、「なかねか」なさんです。「TikTokでよく見るイケメンが／カメラ目線で音にのせて／ニコニコしている動画／あれいつも思うけど／めちゃくちゃ私のこと誘ってて草／完全に私のこと好きで森／いつも私の彼が／ごめんなさい」という曲に聞き覚えはないでしょうか？「なかねかな」さんは歌はもちろんうまいのですが、自分自身の歌声だけで勝負しているのではなく、TikTokユーザーが好むような歌詞を歌うことでバズり、認知を拡大しました。

・**なかねかなさん**

https://www.tiktok.com/@nknknk1206

2人目は、「遠坂めぐ」さんです。「遠坂めぐ」さんは、エンタメを動画に組み込むという形式でバズ動画を連発しています。例えば「切れてるバターにキレてます／だって切れてるんじゃなくて／切れ込みが入ってるだけなんだもん」という歌詞の動画がバズっています。「遠坂めぐ」さんと「なかねかな」さんとの最大の違いは、「遠坂めぐ」さんの場合は使用する音源の種類が少なく、ネタを仕入れてしまえば、動画が量産できること。そして、「キレている人」という枠でユーザーからの認知が得られるところかなと思います。

・**遠坂めぐさん**

https://www.tiktok.com/@meg_ensaka

3人目は、ヒッチハイクシンガーの「SALT」さんです。彼は路上ライブをライブ配信したり、動画コンテンツに落とし込んだりする形で伸びているTikTokerです。特に路上でライブ配信をすると警察官に注意されたりするのですが、そこまで含めて動画コンテンツとすることで、ハプニングを含めたエンタメを生み出しています。ちなみに路上ライブというのは、最高のファン化施策かなと僕は思っています。センスのある歌詞が書けないという人でも、真似をしやすい形式なのではないでしょうか。

・**SALTさん**

https://www.tiktok.com/@salt_official__

▼事例②画家・デザイナー

画家やデザイナーに関しても、エンタメを組み込むことが重要です。画家の方がよく陥りがちなのは、本気の作品で勝負するということです。例えば一般の人が見たら、ピカソの作品って素人でも作れそうに見えてしまうと思うんですよ（もちろん、そんなことはないのですが）。つまり、芸術作品を楽しむには芸術の勉強が必要で、僕を含めたTikTokユーザーの多くは、芸術作品の凄さを理解できないのです。だから、ピカソのような絵よりも、写真のようにきれいに描かれた作品の方を評価してしまいます。

このように、**そもそもTikTokユーザーに評価されやすい形式で勝負しなければ、どんなに素晴らしい作品であってもTikTokでは評価されない**のです。実際に、書道家として有名な武田双雲さんのTikTokって、あまりバズっていないんです。これは、彼の圧倒的な作品に対して、僕を含めたTikTokユーザーの教養が追いついていないのが1つの要因だと思っています。

それでは、どういったアカウントが参考になるのか？　例えば、「ロゴデザイナーえな」さんというアカウントがあります。当然ですが、TikTokのユーザーはロゴそのものには興味がありません。そこで、「人気TikTokerゆら猫さんのロゴを作ってみた」や「全社員アホそうな会社のロゴ」など、TikTokユーザーが興味をもちそうなネタを用意して、エンタメという入り口からロゴの制作過程を見せています。

・**ロゴデザイナーえな**
https://www.tiktok.com/@himahima1129

この考え方は画家でも転用できて、例えば「ペイント聖矢」さんの動画では、「神秘的なトイレ」や「神秘的なうんこ」といった動画がバズっています。

・**ペイント聖矢**
https://www.tiktok.com/@paint_seiya

▼事例③飲食店

飲食業は、TikTok社が力を入れているジャンルの1つだと思います。TikTokでは動画にURLを貼れないため、自社サービスへの誘導は難しい（プロフィールには貼れます）のですが、飲食店に関しては例外で、**食べログのURLをTikTokに添付することができる**のです。それにより、TikTokを経由してあなたの店舗に集客することが可能になるのです。

今の時代、「美味しくない」と思うような飲食店はほとんどありません。どこの飲食店に行っても、それなりに美味しい料理を食べることができます。つまり、味で差別化を図ることには限界が来ているという話です。ミュージシャンや画家のところでも前述したように、飲食店の店長も「味」には自信があるのです。しかし、味だけで集客できる時代は基本的に終わったと思ってください。重要なのはエンタメ要素を取り入れたマーケティングなのです。

今回は2つの視点で、飲食店の売上を伸ばす具体案を提示しようと思います。1

つ目は、動画でバズることから逆算した商品を作ることです。この戦略で成功しているのが、「金沢フルーツ大福」さんです。

「金沢フルーツ大福」さんは、２０２０年11月にスカイツリー店をオープンし、半年間で10店舗を展開する規模に急成長しています[※1]。急拡大の理由は、座席が必要な飲食店ではなく、持ち帰りまたはお土産に特化したことで店舗賃料（固定費）を削減したことなどさまざまだと思うのですが、ここでは「金沢フルーツ大福」さんが、どのようにTikTokを使ったのかを解説します。

- **金沢フルーツ大福**

https://www.tiktok.com/@rinrindou_fruit_skytree

「金沢フルーツ大福」さんがTikTokを利用して成功した最大の理由は、バズることを確認した商品を店舗展開したからだと僕は考えています。「金沢フルーツ大福」さんは、「これなにこれなに」という音源に合わせて、大福をタコ糸で切ると断面が出てくるというクリエイティブがTikTokで話題になりました。

このクリエイティブはユーザー自身も真似することができるので、**ユーザーが家でやってみて、その動画をTikTokやInstagramのストーリーでシェアするという、ユーザー発信のコンテンツ（UGC）が生まれて**いきました。このUGCが生まれたら最強で、友達のコンテンツを見た人は「自分も試してみたい」という気持ちになります。これが連鎖を続けることによって、広告費をかけずに商品が売れ続ける座組みができるのです。

つまり、バズる、ユーザーが真似したくなる商品設計を最初にできていれば、その商品は売れるというわけです。今、飲食店を経営されている方は、動画でバズることから逆算して、SNS向けの新メニューを作ってみるのはどうでしょうか？

２つ目は、店長のキャラを推すことです。２０２０~２０２２年にかけて、人類はコロナウイルスというパンデミックにより大打撃を受ける結果となりました。特に緊急事態宣言の影響もあり、飲食業の被害は甚大なものだったと思います。ですが、そんなコロナ禍においても集客に成功し、各店舗で１日平均５名は「TikTokを見ています」と来店される店舗があります。それが、「焼鳥どん日垣」さんです[※2]。

- **焼鳥どん日垣**
  tiktok.com/@higakiyakitori

「焼鳥どん日垣」さんは、TikTokにおける飲食店アカウントの第一人者だと思います。「焼鳥どん日垣」さんの動画では、「面白おかしい飲食店あるある」のようなコンテンツを投稿しています。これによって日垣さん本人にファンがつき、日垣さん目当てのお客さんが来店しています。これは、**味で差別化できなくなった時代に、人で差別化を図るという最強の武器であり、味ではなく人にお客さんが紐づいたことで、コロナ禍でも集客に成功しているのです**（もちろん、都の方針に合わせて営業は行われています。また味も美味しいお店です！）。

▼事例④美容師・リノベーション

僕は、before／afterというコンテンツは、ユーザーからの大きな需要があると考えています。その根拠として、before／afterは、テレビで長年に渡って放送され続けているコンテンツだからです。例えば「カリスマ美容師によって妻が大変身」といったファッションや髪型の大変身企画は、ずっと昔から放送されていますし、「大改造!!劇的ビフォーアフター」という人気番組では、年に数回ほど特番が組まれて、家のリノベーションの過程が放送されています。

つまり、それだけ**before／afterというコンテンツは、ユーザーからの需要がある**ということなのです。当然ですが、**テレビでウケるコンテンツはTikTokに最適化することによってバズる**コンテンツになります。

そして、美容師やリノベーションというのは、こうしたbefore／afterに最適の業種であり、TikTokでもこの特性を活用するべきだと思います。このbefore／afterコンテンツのコツとしては、「変化」を表現することです。そのためafterを頑張るだけでなく、**beforeをいかにショボく見せられるかが重要**です。過去に僕は、before／after系のコンテンツを取り扱う「大変身ちゃんねる」というYouTuberさんのチャンネルにコラボ出演をしたことがあるのですが、before／afterの差がより大きくなる人の方が、動画の再生数が伸びていたと思います。

・**大変身ちゃんねる**
https://www.tiktok.com/@daihenshinchannel

before／afterを見せるコンテンツは、それ自体が直接的な商品の宣伝にもなります。そのため広告効果がありつつバズも生みやすい、最強の設計だと思います。ちなみに美容師やリノベーション以外に、メイク系の動画などでもbefore／afterの企画はウケると思います。

▼事例⑤賃貸物件

賃貸物件を紹介するアカウントでも、TikTokを使った集客事例が多く確認されています。例えば、「LAKIACOMPANY」さんのある店舗では月に60件※3、「スタイリー不動産」さんは月に100件※4もの、TikTokを介した問い合わせがあるということです。

賃貸物件では、基本的に仲介手数料0.5～1ヶ月分、別途家主から広告料0～2ヶ月分ほどをもらうのが相場のようです。この点から、1件あたりの営業利益を10万円と仮定すると、3件成約した時点で30万円ですので、TikTok運用の社員1人を雇ってもペイできるということになります。

このような賃貸物件の紹介アカウントでは、何かしらの特徴のある物件に絞って紹介していけば、ある程度の再生数が見込めそうです。例えば以下のような例があるので、ぜひ実際の動画を見てみてください。

- **家賃が290万円の豪邸**
- **クローゼットの下に隠し部屋がある家**
- **一度入ったら抜け出せない迷路のような家**

このようなイメージで、第5章でお伝えしたような動画冒頭のインパクトとして機能する特徴的な要素を持った物件であれば、視覚的にユーザーに訴えかけることができるので伸びやすいです。

反対に賃貸物件アカウントの難しい点としては、撮影可能な物件の確保だと思います。家主は年配の方も多く、そうした家主からするとTikTokというのは未知の世界です。家主との信頼関係がある不動産会社であれば、他社以上に冒頭のインパクトのある動画を作り込めるので、再生数の獲得につなげられると思います。

※1：https://bizspa.jp/post-474270/
※2：https://note.com/tiktok/n/n4d276c55af8e
※3：https://www.zenchin.com/news/post-5724.php
※4：https://note.com/tiktok/n/nc166ffd0d390

COLUMN

TikTokは採用にも使える

企業がTikTokを始める意外なメリットとして、**採用につながる**ということがあります。企業が大手のエージェントから人を採用した場合、会社側は100万円に近い金額をエージェントに支払うのが相場のようです。つまり、1人の社員を雇うためには約100万円の経費がかかるという計算です。

そのため、年間に10人の人材を採用している会社であれば、TikTok採用が実現すればザックリ1000万円のコストカットになるのです。売上を立てることとコストカットは、結果的に利益を増やすという意味では同じです。TikTokで採用コストを下げられるのであれば、TikTokを始めない理由はないと思います。

TikTok採用のよいところはもう1つあります。僕が聞いた話によると、SNSから採用した場合、**エージェントから採用するよりも人材の定着率が高いことが明らかになっている**ようなのです。よく考えるとこれは当然の話で、普段から**SNSを通して企業からの情報を得てきた上で入社を志望する人たちですから、入社後のミスマッチが起きづらい**のです。離職率が下がれば、それだけ人材育成のコストも下がりますので、この点でも企業がSNS採用を実施しない理由はありません。

例えば人手不足の保育業界でも、TikTok採用の成功事例が出ています。これは「保育園キートス」さんの事例なのですが、TikTokを用いて採用を行い、その結果2023年卒の内定者は15名以上決まり、3000万円の採用コストのカットに成功したそうです。

【採用費0円！】Z世代向けにTikTokで採用活動実施

TikTokのコンテンツは特に子供との相性がよく、保育士採用に関してはかなり再現性の高い領域だと考えられます。

ちなみに僕の知り合いでも、TikTokで飲食店のバイトスタッフを募集したところ30名の応募があったり、営業マンの募集をして1月で5人の採用が決まったりするなど、多くの事例を耳にします。このように、TikTokと採用の相性は非常によいのです。

まとめ

- ✔TikTokユーザーは「何か面白いことないかな？」というマインド。アーティストや画家などのクリエイティブな職業の方は技術の高さで勝負をしがちだが、ユーザーが求めているのは技術ではなくエンタメである
- ✔今の時代の飲食店はどこでも最低限の美味しさは担保され、味での差別化が難しくなっている。ＳＮＳは、味で差別化できなくなった時代に、人で差別化を図るという武器になっている
- ✔before/afterのコンテンツは、テレビで評価が高い鉄板コンテンツであり、TikTokでも数字が取りやすい。beforeをいかにしょぼく見せられるかが重要
- ✔TikTokは集客以外に採用にも効果的であり、入社後の離職率も低い傾向にある

第8章

TikTokを攻略するなら「PDCA」を回せ

1. TikTok攻略の本質はPDCA

ここまで、TikTokのアルゴリズムやバズる動画の型など、「こうすればよい！」といった正解が存在するノウハウに関してお話ししてきました。

ただし、ここまでお話ししてきたのは、ある意味で「小手先のノウハウ」だと思ってください。もちろん、無駄な知識というわけではありません。アルゴリズムを理解することは大事ですし、本書を読まずにゼロからTikTokを始めるよりも、僕が2年以上の時間を費やして得たノウハウを活用した方が、最短経路でTikTokを攻略できると思います。

ただし、TikTokの運用において、いや、もっと広い視野で見るとＳＮＳ全般の運用において、より再現性の高いノウハウというのは、本書に記載しているような考え方を自分自身で分析し、導き出すことができる能力だと思います。というのも、**小手先のノウハウだけで伸びてしまったアカウントというのは運用者自身にスキルがあるわけではないため、アルゴリズムの変更などでノウハウが通用しなくなると途端にバズる動画を作れなくなってしまう**のです（もちろん本書では、できる限り長期的に生かせるノウハウを中心に解説しています）。

例えば2020年末頃、「結論をコメントに記載することでユーザーをコメント欄へ誘導し、ユーザーがコメントを開いている間に視聴時間を伸ばす」という、アルゴリズムをハックした手法が流行りました。しかし、一時的にアルゴリズムをハックできたとしても、後にTikTok側からの対策が行われたため、本書執筆時点では、再生数への寄与はほとんどありません。

もちろん、こうしたアルゴリズムをハックする手法を考えたTikTokerは天才すぎると思いますし、またアルゴリズムハックには短期的な再生数を稼げるというメリットがあります。そのため、僕はこうしたテクニックを一概に悪とは考えていません。

むしろ、それだけでバズってしまうテクニックを見つけるのはスゴいことですし、アルゴリズムの穴をつくこと自体は、時と場合に応じて有効活用するべきだと思います。

しかし、ここで言いたいのは、小手先のノウハウだけでバズってしまったとしたら、その小手先のノウハウが通用しなくなった後、あなた自身にSNSの運用能力がなければ、そのアカウントの再生数は劇的に低下してしまうということなのです。そして、**ハックで伸びたアカウントの運用者の多くは実力が追いついていない場合が多く、アルゴリズム変更後に大きく再生数を落としてしまう**のです。

僕はこの3年間、例外はありますがほぼ再生数を落とさずに、ビジネス系TikTokerとして一定の再生数を出し続けてきました。おそらくビジネスジャンルに絞って見ると、僕ほど長く、安定的に再生数を出し続けているアカウントは存在しないと思います(ガリレオ調べ)。そして、ここまで僕のアカウントが長く伸び続けている理由というのが、小手先のノウハウではなく、本質的なノウハウを身につけていたからなのです。

ここでいう「本質的なノウハウ」というのは、自分自身で動画を見て、何が悪かったのかを見つけ出し、その解決策を考え、計画に移して実行する能力。つまり、ビジネスの世界でよく使われる「PDCAスキル」のことです。

そしてこうしたPDCAスキルを持っているからこそ、僕のアカウントはTikTokにアルゴリズムの変更があっても、長期的に再生数を出し続けられてきたのです。

2. PDCAはSNS運用必須のスキル

ここで、PDCAの考え方について簡単に解説させていただきます。そもそもPDCAが何の略語かと言うと、

Plan（計画）
Do（実行）
Check（評価）
Action（改善）

の頭文字を取ったものです。そしてこのPDCAこそが、SNSを運用する上で必須のスキルであり、僕が「本質的である」と考えるノウハウなのです。

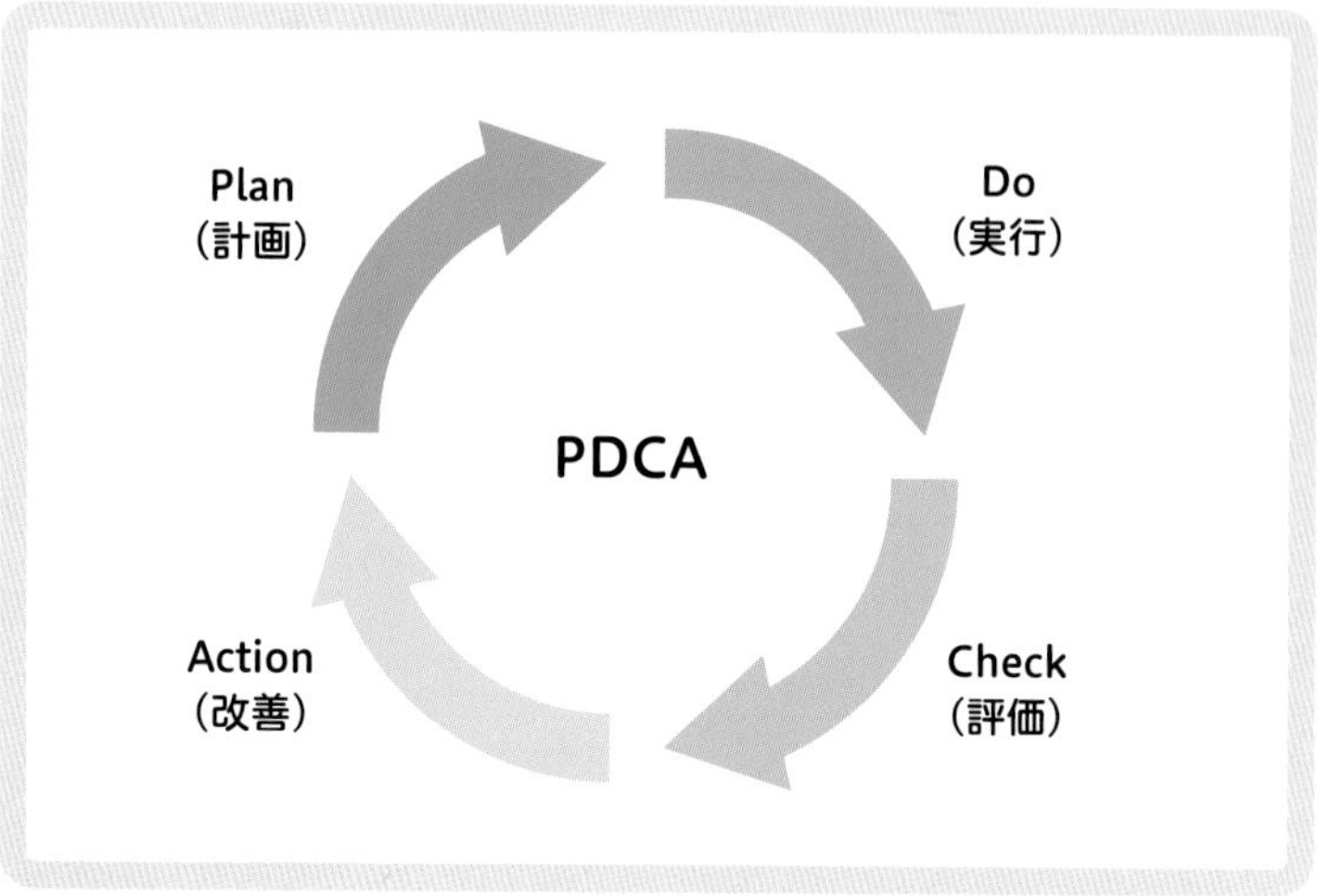

▲PDCA

PDCAでは、**Plan（「計画」を立て）→Do（計画を「実行」に移し）→Check（その結果を「評価」し）→Action（次の行動のために「改善」する）のサイクルを繰り返し行います。そして、回数を重ねるごとに「実行」の精度が高まり、効率的に結果を出せるようになるという考え方**です。

このPDCAスキルは、TikTokの運用に限らず、SNS運用全般において必須のスキルと言えます。もっと広い視点で考えてみると、ビジネスの世界で成功している人は必ずと言ってよいほど、PDCAを行っているのです。

ちなみに、このPDCAスキルというのは、本を読んで知識をつければ身につくといった簡単なものではなく、自分が実際に実践していく中で身につけていくものなので、習得までに時間がかかります。しかし、一度身につけてしまえば、TikTokをバズらせる確率も大幅にUPしますし、仮にTikTokというプラットフォームが衰退したとしても、次の新興プラットフォームでも同じように活躍することができるはずです。

「これをやればバズる！」といったノウハウを記載した方が読者受けがよいことは理解しているのですが、僕は本を売ることを目的にしているのではなく、本書を読んでくださった読者の方が成功して、よい口コミを作ってくださることまで考えているのです。

抽象度の高いノウハウには需要が生まれづらいのですが、本書の中で、実は本章がもっとも重要なことを書いています。ですから、残り少ない本書において、ここからが本番と考えて読んでいただけると嬉しいです。

3. 「バズる」とは何再生以上を指すのか?

ＰＤＣＡを行うためには、必然的に、その「行動」(Do)の結果が正しかったのか? まちがっていたのか? を「評価」(Check)しなければなりません。その評価の基準としては、動画がバズっていれば正しい、動画がバズっていなければまちがいだと考えてよいでしょう。

そうしますと…この「バズる」という現象は、何再生以上を指すのかが疑問になると思います。一口に「バズる」と言っても、平均100万再生出している人からすれば10万再生はバズっていないと思いますし、平均200再生の人からすれば、1万再生はバズっていると思います。ですから、アカウントごとにバズの基準は変わると僕は考えています。

僕は、バズの基準を以下のような再生回数のステージとして考えています（一律にX万再生以上をバズとする考え方もあるのですが、今回はPDCAを前提にしているので、一律の基準を設けていません）。

ステージ1：200再生以下
ステージ2：1000再生以下
ステージ3：1万再生以下
ステージ4：5万再生以下
ステージ5：10万再生以下
ステージ6：30万再生以下
ステージ7：100万再生以下
ステージ8：500万再生以下
ステージ9：それ以上

そこで、直近の5つの動画の再生数の中央値（再生数が5動画中3番目の動画のこ

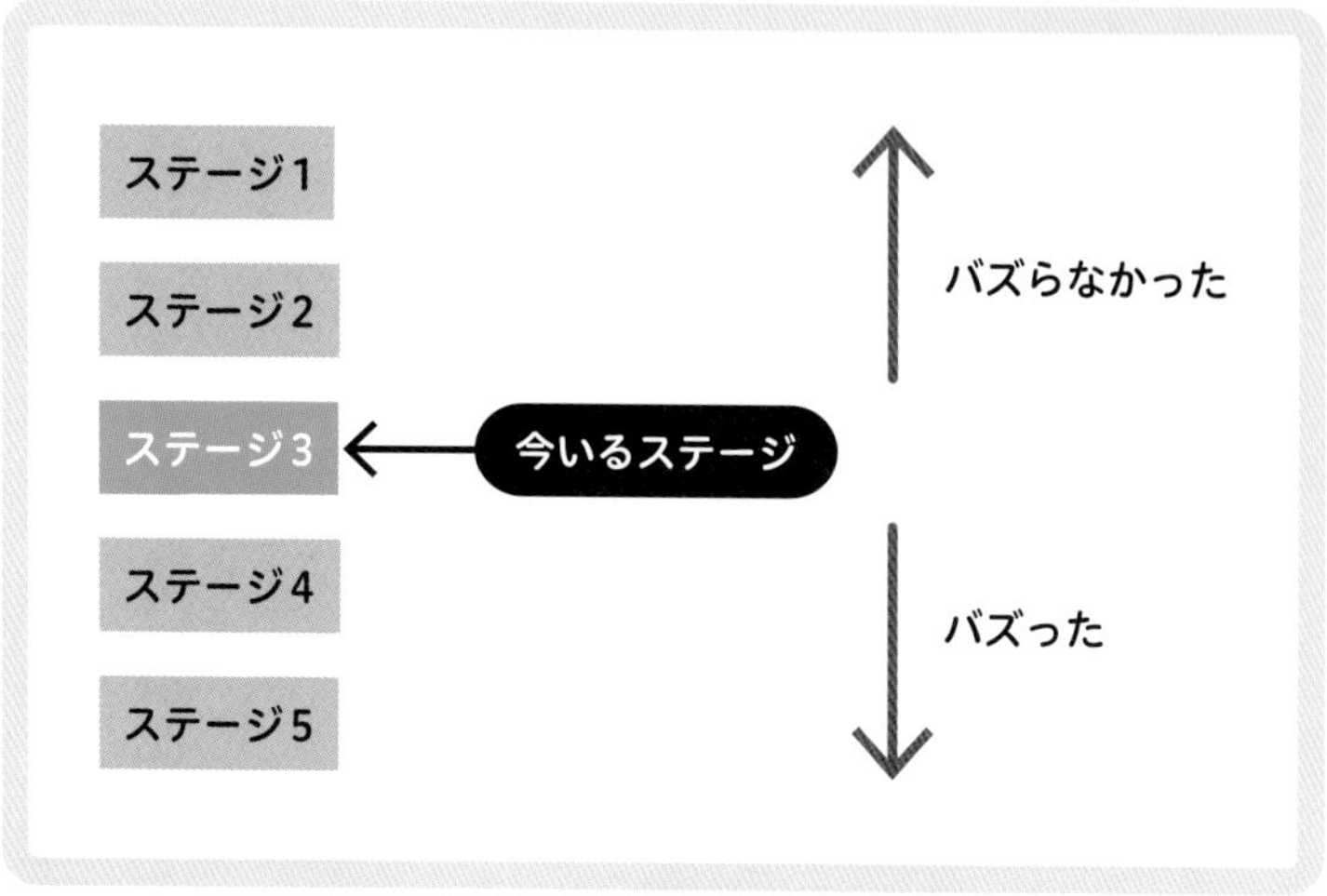

▲今いるステージを基準にバズった／バズらなかったを判断する

と）が、上記の再生数ステージのどこに当てはまっているか？ を考えてください。そして、そのステージが、あなたが今いるステージだと考えてください。

動画を改善していく中で、今いるステージよりも1つ上のステージの再生数が出たとすれば、それはバズったと捉えてよいでしょう。逆に、現状のステージを維持もしくは後退している場合は、動画がバズらなかったと言えるので、なぜバズらなかったのかを考えて、1つ上のステージへ到達できるよう、目標を「計画」（Plan）しましょう。

4. バズらなかった原因をインサイトで探す

前項で、動画がバズっているかどうかの基準を理解できたと思います。その上で、バズらなかった動画は都度都度、動画の数値を復習するようにしてください。数値の確認方法ですが、TikTokでは、インサイトという、アカウントの男女比、フォロワー数の推移、再生数の推移や、動画ごとのいいね数、コメント数、シェア数、平均視聴時間、視聴継続率といった数値を確認するための機能が提供されています。

ちなみに本書執筆時点のインサイトの見方についてですが、インサイトは申請をしなければ確認できない機能です。次ページの操作を行うと、以降アップした動画は、インサイトデータが見られるようになります。インサイトを表示できるようになったら、右上の三本線をタップし、「クリエイターツール」→「インサイト」の順にタップします（260ページ参照）。すると、アカウントのインサイトを確認できます。

【インサイトの申請方法】

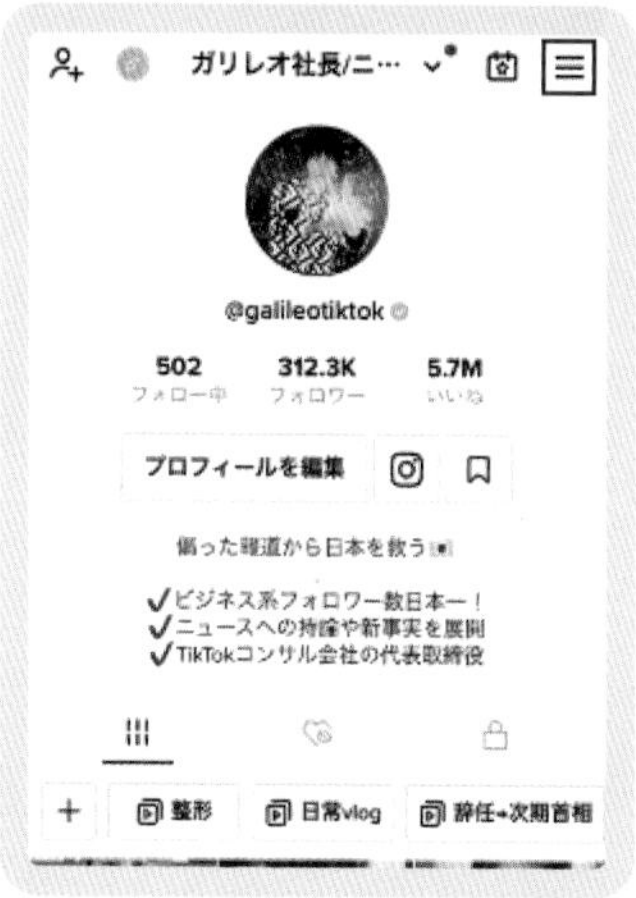

①右上の三本線のマークをタップする

②「クリエイターツール」を選択する

③「インサイト」を選択する

④「オンにする」ボタンをタップする

▲アカウントのインサイトを確認する

またインサイトを表示できるようになると、動画の右下に「詳細データ」というボタンが出現します。このボタンをタップすると、その動画のインサイト情報を確認できます。このインサイト情報は、動画投稿から24～48時間ほどたってから数字が反映されます。

▲動画のインサイトを確認する

その上で、インサイトで確認してほしいのは動画の視聴継続率のグラフだけです。インサイトでは、それ以外にもさまざまな情報を見られるのですが、これらの情報は視聴継続率のグラフのみで網羅できてしまいます。というのも、アルゴリズムの7割を占めていると解説した平均視聴時間や視聴完了率を攻略する方法は、共通して「視聴離脱を防止すること」だからです。つまり、視聴継続率のグラフを確認して視聴者の離脱率が高いポイントを把握できれば、ユーザーが何秒目で離脱したのかが確認でき、平均視聴時間と視聴完了率を改善し、高めることができるのです。ですから、基本的には視聴継続率のグラフ以外は確認する必要がないのです。

それでは、具体的に僕自身の動画のインサイトデータを覗いてみましょう。

・**ロシアは面積が大きいと言うのは勘違いです**

この動画のインサイトは、0〜2秒、5〜15秒の離脱率が高く（カーブの角度が急である）、それ以外の部分の離脱率が低いことが理解できます。

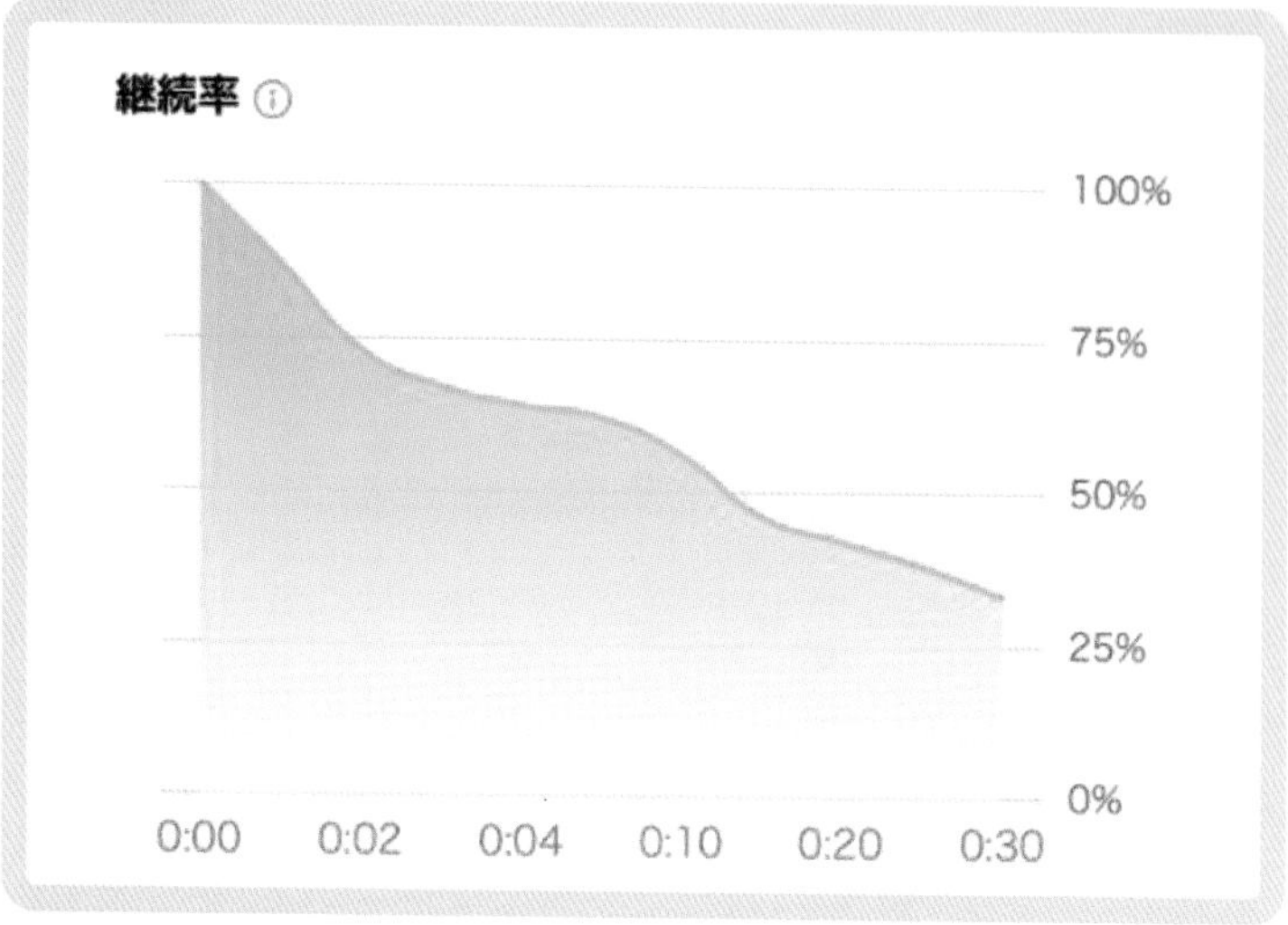

▲「ロシアは面積が大きいと言うのは勘違いです」インサイトデータ

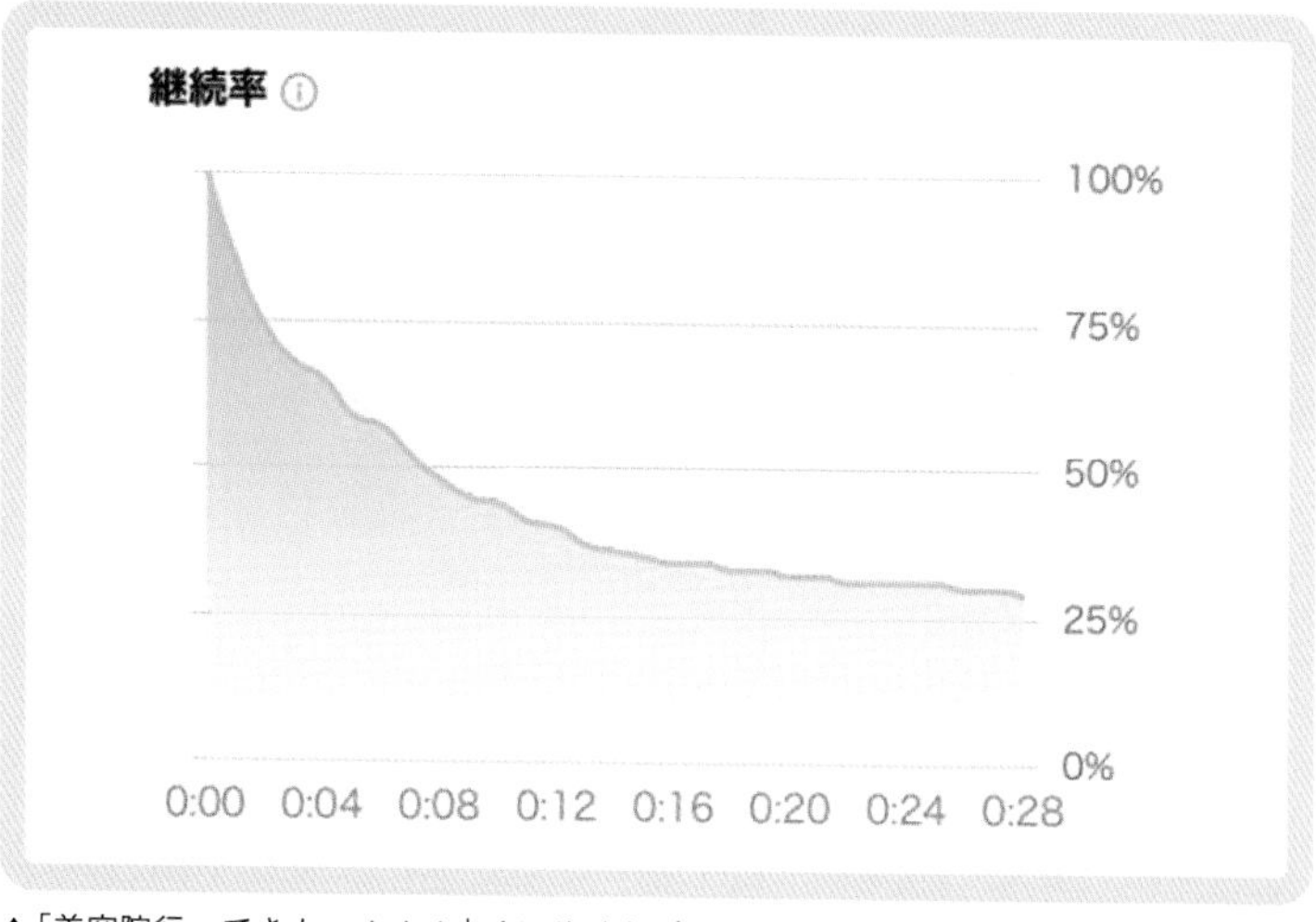

▲「美容院行ってきたっ！！！」インサイトデータ

・**美容院行ってきたっ!!!**

また、この動画のインサイトからは、0～12秒までは一定の離脱があるものの、13～28秒までの後半では、ほとんどのユーザーが離脱していないことが理解できると思います。

このようにインサイトを分析することで、グラフ上で離脱率が高い（急勾配）秒数は、動画のダメだった部分。グラフ上で離脱率が低い（勾配が緩やか）秒数は、動画のよかった部分だという結論が得られます。そして、このようなデータをもとに、動画の内容を改善をしていけばよいということがわかります。

5. PDCAをマスターするための分析力の磨き方

PDCAを行う中で、もっとも重要なのが「改善」を行うことです。この改善の精度が高ければ高いほど、最短距離でバズを生み出すことができます。だからこそ、分析力を磨く必要があるのです。それでは、どのようにすれば分析力を磨くことができるのか？　方法はいたって簡単で、「頭を使ってTikTokを見るだけ」です。答えはあなたの中にあるのです。

まずはTikTokを開いて、いつも通りおすすめ欄に流れてくる動画を見てみてください。その時に、冒頭でスクロールしてしまう動画、中盤でスクロールしてしまう動画、最後まで視聴してしまう動画のどれかに行きつくと思います。考えてみればわかると思うのですが、あなた自身もTikTokのいちユーザーです。つまり、**あなた自身の行動の裏にある理由が他のユーザーが感じている理由と重なることは、往々**

にして起こり得るのです。

例えば、あなたが冒頭の2秒でスクロールした動画は、動画冒頭に虫が出てきて、気持ちが悪かったからかもしれません。この場合、「気持ち悪い」と感じてしまう絵は、一定の視聴者の離脱を生むことが学びとして得られます。それならば、自分の動画にはこの要素を組み込まなければよいのです。

また、あなたが動画の中盤で離脱した場合、その動画の音量が大きくて声が聞き取りづらく、内容を理解できずに楽しめなかったことが理由かもしれません。この場合、「音量は小さい方がよい」「理解しやすいコンテンツが好まれる」といった学びが得られます。

また、あなたが動画を最後まで視聴した場合、「動画がランキング形式で、5位を見てしまった以上、1位が気になった」からかもしれませんし、「テロップで〝○○の末路〟と表示されていたから、その後の展開が気になって最後まで見てしまった」からかもしれません。

大切なのは、「動画をスクロールした時」「動画を最後まで見た時」「いいねなどのアクションボタンを押した時」、自分はなぜその行動をしたのか？を言語化することです。そして、言語化できたら忘れないようにすべてメモしておいて、自分の動画作りに生かしていくのです。

ちなみにTikTok運用に関する分析力の磨き方は、今解説したような感じなのですが、僕自身は生活の中で起こることすべてに対して、分析を行うようにしています。例えば、ＬＩＮＥの返信がなかなか返ってこない場合、僕からのメッセージの冒頭で「大変申し訳ないのですが」といったネガティブな表現をしており、めんどうくさいという感情を与えたからかもしれない、などと考えます。だとすると、次回からは、「早く返信がほしいＬＩＮＥ」に関しては、書き出しの1行をポジティブにしようと考えるのです。

6. TikTokのおすすめ欄にはバズるヒントが落ちている

前項では、TikTokでPDCAを回すための分析力の磨き方に関して解説をしました。先ほどのように、いつも通りおすすめ欄を見ながら分析するだけでもよいのですが、そこに目的意識を追加することで、より早く、より効果的に動画の改善に必要な知見を集めることができます。特におすすめなのは、「競合ジャンルで伸びているTikTokerを分析する」ということです。

TikTokでバズっている動画は、ユーザーが評価した結果バズっています。ですから、**バズっている動画には、バズっているだけの理由**があります。その理由を分析することで、あなたの動画をアップデートできるという話です。早速、競合ジャンルの動画を見て、次のことを分析してください。

- バズっている動画は、何が良かったのか？
- バズっていない動画は、何が悪かったのか？

ここで1点だけ、注意点があります。それは、バズっている動画の中にも、「動画がよくてバズった」場合の他に、「そのTikTokerだからこそバズった」といった、あなたのアカウントに生かせない理由でバズっている動画があるということです。例えば僕がダンスを踊ると、ある程度の再生数は獲得できるのですが、これは「普段から真剣にニュース解説をしている人」が「流行りのダンスを踊る」と言う、ギャップを利用した僕ならではのバズになります。このように、「その人だからバズった」と考えられる要素は、基本的に動画の改善に有効ではありません。

もちろん、僕と似たような感じで、普段からボケなしで動画投稿をしているようなTikTokerには、一定のダンス動画への需要があるかもしれません。例えば、映画監督のしんのすけさんや、読書感想のけんごさんがダンスを踊っていたら面白いじゃないですか（ブランディングは別問題ですが）。

7. 本書を用いてPDCAを回す方法

ここまで本書を読んでいただいた皆さま、お疲れ様でした（**厳密には「おわりに」にも有益な情報があるので、最後まで読んでほしいです**）。お疲れのところ、申し訳ないのですが…あなたはいずれ、本書の内容を忘れてしまうはずです。これはあなたの記憶力が悪いという話ではなく、人間の記憶はそう簡単に定着しないため、復習が重要という話なのです。ウォータールー大学の研究では、次のことが明らかになっています。

- **24時間以内に10分程度の復習をすることで、1日経っても100%に近い記憶を保持できる**
- **1週間以内に5分程度の復習をすることで、また100%近くまで記憶が戻る**
- **1ヵ月後を目処に2分〜4分程度の復習をすることで、内容が脳に定着する**

つまり、この実験から考えて**「24時間以内」「1週間以内」「1ヶ月後」の3回、復習を行うのが、本書の内容を記憶に定着させるには望ましい**ということです。

学生の頃を思い出すとわかりやすいのですが、授業を聞いただけでテストで100点を取ることはできなかったと思います。必ず、テストの前には勉強（復習）をして挑んでいたはずです。これは、大人になっても同じなんですよね。日本人って、なぜか大人になると勉強をやめがちなのですが、子供の頃にできなかったことなんて、老化した大人の頭でできるはずがないんです。ですから、本書を1回読んで理解したつもりにならず、24時間以内、1週間後、1ヶ月後の合計3回は読み返してください。もちろん、1ページ目からすべて読み返すのではなく、付箋や赤ペンを引いた箇所だけでも大丈夫です。

こうして、本書の内容を頭の中にしっかり叩き込むことができると、必要な情報がインプットされた状態になるので、動画がバズらなかった時に必要な解決策が浮かびやすい頭になり、より精度の高いPDCAを回せるようになると思います。

▼PDCAをできない人の末路

「世の中の9割の人間は行動しない」これは、成功者がよく口にする言葉です。この言葉は、僕の考え方とも共通します。そして、僕の周りにもアレコレ言うわりには、結局のところ挑戦・行動せずに時間だけがすぎている人がたくさんいます。しかし、行動すればよいのかというと、そうではありません。**行動するだけじゃ足りない**んです。**必要なのは、行動した結果を見て、次の行動までに「改善」するべき箇所を見つけ、それを計画に落とし込み、再度行動に移すこと**です。

僕の知人のAさんは、1年間欠かさずにYouTubeへ毎日動画投稿しています。本人なりに努力しているとは思うのですが、1年前から毎日似たテイストのサムネで、編集スタイルも変わらず、謎の仮面をつけて、毎日更新を頑張っています。1年間、改善をなにも行わなかったことで、彼のYouTubeチャンネルは1年間で登録者500人ほどに止まり、収益化にも程遠い状態です。このままだと、収益化に4年はかかりますし、正直コンビニバイトで稼いだ方が効率的です。

動画がバズらない時期に大切な考え方は、昨日と今日の動画で何を改善したかを言語化できることだと思います。仮に改善した箇所を言語化できないのであれば、それはＰＤＣＡを回せていないと判断してよいでしょう。その時は、本書をもう一度最初から読み返して見てください。きっとヒントが見つかるはずです。

ちなみに、日本人はインプットマニアになる方が多いのですが、知識の習得というのはアウトプットまでを行うことが重要です。ぜひ、本書の中で参考になった要素を以下のＱＲコードからTweetいただけると嬉しいです。自動的に僕にメンションされるように設定されていますので、できる限りコメントｏｒいいね、多くの方にとって有益なアウトプットのTweetに関してはＲＴをさせていただきます！

COLUMN 失敗するのは前進している証

動画を出している中で、本気で作った動画がバズらないと落ち込んでしまうことがあると思います。僕がSNSを始めた当時もそうでした。2018年ごろだと思うのですが、Instagramの美容メディアや、YouTubeの恋愛メディア・教育メディアなど、多くのアカウントを立ち上げては、さまざまな理由で失敗していました。

例えば、Instagramの美容メディアの失敗理由は、メンズコスメに特化したのですが、当時は今以上に市場規模が小規模だったこともあり、需要がなかったというのが要因かなと分析しています。またYouTubeが失敗したのは、当時僕がYouTubeへ参入したタイミングは、世の中にYouTubeが浸透してきた時期であり、ガイドラインが厳しくなってきたことで、その規制対象に入ってしまったことです。

といった感じで、過去に僕自身は、多くの失敗を経験しています。もちろん、当時は結果につながっていないので、苦しい思いをしましたが、当時の失敗は今にもつながっていると思っています。例えばInstagramの美容メディア失敗は、「参入前に市場規模を見極めることの重要性」を学ぶきっかけになり、TikTok参入時にはこの失敗をなくすことができました（本書で市場規模の話をしているのは、ここでの学びによるところが大きいです）。

何が言いたいかと言うと、**失敗に終わってしまった努力というのは、無駄ではなくて、未来の成功につながっている。**もう少し踏み込むと、**失敗があるから、成功が生み出される**ということです。**成功につながる努力に関しては、人間は意味があると認識できるのですが、多くの場合、失敗に終わってしまった努力には意味がないと思ってしまうのが人間なので、苦しくなってしまうんですよね。**もちろん、単に何も考えずに失敗だけを繰り返しても、それは「成功につながらない失敗」になってしまいます。

- **なぜこの動画はバズらなかったのか？**
- **次の動画では何を改善するべきか？**
- **他のTikTokerはどういう工夫をしていて、自分に取り込める要素はないか？**

といった要素を1動画ごとに考え尽くした結果、得られた失敗のみが成功に結びつくのです。

若干脱線したので話をまとめるのですが、「失敗は成功に寄与していて、失敗は悪いことではないよ」って話です！

ちなみにユニクロの柳井正さんも勝率は「1勝9敗」だそうで、「一勝九敗」という本を出版されているほどです。でも、その裏に隠れてる失敗なんか誰も見てないんですよ。柳井正さんがなぜ9敗しているのか？　秋元康さんの作った楽曲の中で売れなかった曲は何なのか？　だれも、なにも知らないと思うんです。

時々失敗が「恥ずかしい」って思ってる子がいるんですが、1つだけ言わせていただくと、誰も見ていないので大丈夫です！　と言うことで、改善と失敗を、コツコツ積み上げていきましょう！

まとめ

- TikTok攻略最大の鍵はＰＤＣＡ
- ＰＤＣＡが回せないクリエイターは短命に終わる
- TikTokを見ている時は、何がよくてバズったのか？ を常に考える
- バズらなかったら視聴完了率・平均視聴時間を確認する
- あなたは本書を一度で理解できません。できたつもりになっただけなので、何度も読み返しましょう

●参考文献

『TikTok ショート動画革命』日経エンタテインメント!/日経BP(2021)
『TikTok 最強のSNSは中国から生まれる』黄未来/ダイヤモンド社(2019)
『ショートムービー・マーケティング TikTokが変えた打ち手の新常識』若井映亮/KADOKAWA(2021)

おわりに

ここまで本書を読んでいただき、ありがとうございます。

前述の通り、本書の内容はできるだけ普遍的なことに寄せて執筆したつもりです。ですので、TikTokのアルゴリズムの変更が本書の内容に影響することは考えにくいのですが…とはいえ、SNSは日々アップデートされて変化していくものです。

こうした背景を加味して、本書を購入された皆様がアップデートされたTikTokについていけるように、LINE公式アカウントをご用意させていただきました。ここでは、低頻度で重要な情報に絞って発信をしていければと考えています（通知が多いのも面倒だと思いますので、必要だと感じた情報のみ発信させていただきます）。

このLINE公式アカウントにご登録いただいた方へは、特別に「24時間でフォロワーを10万人まで増やした５つのノウハウ」に関する資料をシェアさせていただきます。

すでに記載しましたが、２０２２年12月時点において、一般人で最速でフォロワー10万人を突破した記録は僕自身が保有しています。ちなみに、”一般人“とさせていただいているのは、”深田恭子さん“と”本田翼さん“には負けているからです（笑）。

当然ですが、この24時間10万人という数字は、なんの計画もなく叩き出せる数字ではなく、５つのロジックを組み込んで、作為的にバズらせた動画になります。ぜひ、ＬＩＮＥ公式アカウントで友達追加をして、特典をお受け取りください！

なお、このＬＩＮＥ公式アカウントは本書とは関係のないものとなりますので、事前の告知なく終了する可能性があります。早めにプレゼントをお受け取りください。

▼最後にメッセージ

実は僕、4年前にホームレスを覚悟した過去があります。

今となっては、「ガリレオさんは頭がいいから」なんて話をされることもあるのですが…4年前の当時は、広告代理店の営業として働き、1年以上連続して営業成績が未達だったと記憶しています。

僕はSNS上で、自分のことを〝頭が悪い〟と話すのですが、これはブランディングではなく、僕は本当に頭のよくない人間です。その他にも、

- **中学時代は誰もが認めるクラス1のコミュ障で**
- **高校生になって人の話を聞いて、必ず笑顔で笑うことを意識し始め**
- **大学では好きな子に3回も振られ**
- **就職したくないという理由で大学院に進学し**

・安定職でヌクヌク生きたいと思って大学職員になりました

こうして見ると、僕の人生は本当に凡人であることをご理解いただけると思います。

また意外に思われるかもしれませんが、僕は安定思考の人間です。危ない橋は渡るのが嫌いです。だから大学院卒業後は、大学に就職して大学職員として勤務しました。ただ、大学職員2年目に入ったあたりで、〝あること〟に気づきます。それは、大学職員は安定職ではないということです。

というのも、世間では「終身雇用が崩壊する」と言われたりもしますが、仮に終身雇用が崩壊しなくとも、大学職員は確実に路頭に迷います。だって、平均寿命は100歳まで伸びると言われていて、100歳まで生きると仮定すれば、定年の60歳から40年間も労働しなければならない期間が続くじゃないですか？

ただ、60歳まで大学職員のような安定職に勤め、ヌクヌク育った自分を60歳から

40年間雇ってくれる職場なんて、存在するはずもないのです。

だから、その時、僕は気づきました。それは、「自分自身が成長し続けることが最大の安定」ということです。

ちなみに、この思考の変化をもたらしたきっかけは、西野亮廣さんの「革命のファンファーレ」、堀江貴文さんの「多動力」などのビジネス書を読んだ結果でして、賛否はあると思いますが、僕は彼らのことを今でも尊敬しています。

それから、大学職員を退職し、汎用性の高いスキルが身につきそうな広告代理店の営業マンになりました。ただ、その転職の結果が、前述した1年間営業ＫＰＩ未達を叩き出し、結果的に会社をやめて、ホームレスを覚悟することになります。

そして、その環境下で、僕の人生の前に現れたのがTikTokでした。

これは前述したように、TikTokのアルゴリズムは、フォロワーが多くても少なくても関係なくバズることができるしくみであり、その結果、今ではビジネス系日本一のTikTokerになりました。

本書を手に取られている方が、どこのどなたか？　は、僕にはわからないのですが、最後に伝えたいのは、TikTokはゼロから人生を大きく変えるポテンシャルのあるＳＮＳであるということです。

もちろん、人生を変えるといった目的は大袈裟に聞こえてしまうかもしれないですが、企業の集客や採用の一手として、TikTokは有用なサービスだと思います。

平成元年時点では、世界時価総額ランキングＴＯＰ50の中に、日本企業は31社もランクインしており、日本は世界の中心でした。そして、たった30年間で日本は衰退し、現在は、世界時価総額ランキングのＴＯＰ50に入るのは、トヨタ自動車１社だけです。

日本経済が低迷している要因には、人口減少などもあるのですが、もう1つの要因として挙げられるのは、日本企業がスマホに対応できなかったからです。

もちろん、本書を読んでいただいている方の多くは、世界的な企業を作る願望はないと思いますし、僕もそこまでは考えていないです。

ただ、ここで伝えたいのは、いつの時代も下克上が起こるもので、次の時代の覇権を握るのは、新しいしくみにかけた人間だけだということです。

もし本書を読んで、TikTokが作り出す未来を予測できるとするのであれば、TikTokの先行者利益を取りに行ってはいかがでしょうか?

個人的には、僕の今があるのはTikTok社のおかげなので、本書を購入いただいた多くの方が、TikTokを始められることが何よりのTikTok社への恩返しにもなると考えています。

本書を読んで学びになったことがあれば、そして、本書を読んでフォロワー1万に達した方がいらっしゃいましたら、ぜひTwitterからご共有くださいっ！

以下のQRからですと、自動で僕へのメンションがつきますので、僕がいいねorコメントしにいきます！

では、本書のご講読をいただき、ありがとうございましたっ!!

著者プロフィール

ガリレオ／前薗孝彰

1993年生まれ。鹿児島出身。北里大学大学院修了後に、大学職員（総合職）、広告代理店２社を経て現在に至る。2019年にTikTok（恋愛アカウント）を開始。2020年５月に開始したTikTok（ビジネス系発信）では、初投稿の動画で900万再生、24時間でフォロワー数10万人突破。その後20日間でフォロワー数20万人に到達し、教育ジャンルでは最速の２ヶ月で公式マークを取得する。こうした自身のSNS運用経験を活かし、業界に先駆けてTikTokコンサルを開始。個人・企業問わず、累計250アカウント以上に関わる。生徒の中には、国内リーチのみで月間7,000万再生を記録する人も現れる。2021年10月には、TikTok主催による「TikTok Creater Academy」0期にて、TikTokのアルゴリズムについての講義を行う。2022年５月、TikTok"公認MCN"Z世代（旧：AskSociety）代表に就任。

ブックデザイン　西垂水敦・松山千尋（krran）
レイアウト・本文デザイン　株式会社リンクアップ
技術評論社Webページhttps://book.gihyo.jp/116

お問い合わせについて

本書の内容に関するご質問は、下記の宛先までFAXまたは書面にてお送りください。なお電話によるご質問、および本書に記載されている内容以外の事柄に関するご質問にはお答えできかねます。あらかじめご了承ください。

〒162-0846
新宿区市谷左内町21-13
株式会社技術評論社　書籍編集部
「TikTokビジネス最強の攻略術　フォロワー"0人"から成果を出すSNSマーケティングの新法則」質問係
FAX番号　03-3513-6167

なお、ご質問の際に記載いただいた個人情報は、ご質問の返答以外の目的には使用いたしません。
また、ご質問の返答後は速やかに破棄させていただきます。

TikTok《ティックトック》ビジネス最強《さいきょう》の攻略術《こうりゃくじゅつ》
フォロワー"0人《ぜろにん》"から成果《せいか》を出《だ》すSNS《エスエヌエス》マーケティングの新法則《しんほうそく》

2023年1月25日　初版　第１刷発行
2023年2月25日　初版　第２刷発行

著　者　ガリレオ／前薗孝彰《まえぞのたかあき》
発行者　片岡　巌
発行所　株式会社技術評論社
　　　　東京都新宿区市谷左内町21-13
　　　　電話　03-3513-6150　販売促進部
　　　　　　　03-3513-6160　書籍編集部
印刷／製本　港北メディアサービス株式会社

定価はカバーに表示してあります。

造本には細心の注意を払っておりますが、万一、乱丁（ページの乱れ）や落丁（ページの抜け）がございましたら、小社販売促進部までお送りください。送料小社負担にてお取り替えいたします。

ISBN978-4-297-13249-1　C3055
Printed in Japan